MAGICAL
CHEMISTRY

神秘化学世界

无处不在的
化学

徐冬梅◎主编

北方妇女儿童出版社

图书在版编目（CIP）数据

无处不在的化学 / 徐东梅主编 . — 长春：
北方妇女儿童出版社，2012.11（2021.3 重印）
　　（神秘化学世界）
　ISBN 978 – 7 – 5385 – 6891 – 2

　Ⅰ . ①无… Ⅱ . ①徐… Ⅲ . ①化学 – 青年读物②化学
– 少年读物 Ⅳ . ①O6 – 49

　中国版本图书馆 CIP 数据核字〔2012〕第 228859 号

无处不在的化学
WUCHUBUZAI DE HUAXUE

出 版 人	李文学	
责任编辑	赵　凯	
装帧设计	王　璿	
开　　本	720mm×1000mm　1/16	
印　　张	12	
字　　数	140 千字	
版　　次	2012 年 11 月第 1 版	
印　　次	2021 年 3 月第 3 次印刷	
印　　刷	汇昌印刷（天津）有限公司	
出　　版	北方妇女儿童出版社	
发　　行	北方妇女儿童出版社	
地　　址	长春市福祉大路 5788 号	
电　　话	总编办：0431-81629600	
定　　价	23.80 元	

前　言
PREFACE

　　世界是由物质组成的，化学则是人类用以认识和改造物质世界的主要方法和手段之一，它是一门历史悠久而又富有活力的学科，它的成就是社会文明的重要标志。如今的化学已经渗透到人类生活的方方面面，在生活的每个角落里你都能发现化学的影子。

　　人体中，厨房里，居室内，庭院中，日用品、装饰品中的化学学问比比皆是。只要你细心观察身边的一切，每一个普通的物质中都隐藏着无穷的化学奥秘。

　　新世纪的中学生一定是富有智慧、乐于探索的一代。本书将带你走进神秘的化学世界，体会化学的五彩缤纷，感受化学的无穷魅力。本书共分6章：人体中的化学；空间中的化学；生活用品中的化学；身边的化学毒物；色香味的化学；美食中的化学。

　　想揭开心中的疑问吗？现在开始认真读这本书吧！

Contents
目 录

身边的化学毒物

色香味中的化学

美食中的化学

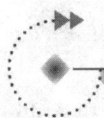

人体中的化学

人类的生存和发展都需要无穷的能量，人体中的化学探讨的首要问题就是如何获得足够的并有效利用为展开生命活动所必需的能量。人体需要的能量包括维持人体生化反应所需的化学能，保证这些反应正常进行的环境所需的热能（即体温），以及日常活动所消耗的能量等。人体所需的能量难以准确测出，但它们都要由食物供给。

能量的来源

人体所需的能量来源于食物，食物通常包括食物主体、维生素和无机质（特别是微量元素）3 个部分。其中食物主体指糖、蛋白质和脂肪，它们提供人体正常的需求能量；维生素及微量元素则在能量的转换和保证机体的正常运转中，发挥独特的作用。

人类所需能量的来源主要有：

1. 食物主体

糖、蛋白质和脂肪都是通过类似 $H—C—OH + O_2 = CO_2 + H_2O + 500$ 千

焦的基本反应提供能量的，但每种成分的作用不同，因而需要保证适当的配比。1974 年美国国家科学院全国研究委员会食品与营养学会修订并提出了各种重要营养成分的一套数据，叫做"每日推荐量"，大致如下：

（1）糖。1 克糖（或称碳水化合物）约提供 17 千焦能量，每天消耗 300 ~ 400 克即可满足人体的需要，其中 1/3 为食糖，2/3 为淀粉，占总能量的 35% ~ 45%。

（2）蛋白质。1 克蛋白质可提供 17 千焦能量，每天应摄入 46 ~ 56 克，相当于 310 克瘦肉或 3 个鸡蛋，但考虑到实际吸收的情况，一般每天应供给 80 ~ 120 克蛋白质，相当于饮食总热量的 10% ~ 15%。

（3）脂肪。1 克脂肪可提供 37 千焦能量，每天约需 100 ~ 150 克，占总能量的 35% ~ 50%。由于脂肪的摄入量与罹患心脏病有关，故目前有争论，许多人认为应将其降至 30% ~ 35%。

2. 微量成分

维生素和微量元素被称为生物催化剂，能起到促进化学反应、转换能量及维持各种代谢的重要作用。

（1）维生素。1907 年维丹斯（德国，1928 年诺贝尔奖得主）通过研究胆固醇，合成了维生素 D_3，从而开创了维生素研究的新纪元。20 世纪初，人们已经认识到吃蔬菜、水果，不仅是为了调味，而且是为了吸收维生素。维生素在机体内的作用与酶有密切关系，缺乏某种维生素会引起特定的疾病。例如缺维生素 A，易导致夜盲症；缺维生素 D，易导致佝偻病；缺维生素 E，易导致不孕；缺维生素 B，易导致恶性贫血；缺维生素 C，易导致坏血病等。

（2）微量元素。通常指铁、锌、铜、锰、铬、钴、钼、钒、硒、氟、硼、碘等元素，是动植物生命体系的营养元素或必需元素，它们都有重要的生理功能。例如：20 世纪初发现澳大利亚羊缺铜病，羊出现摇摆、畸形；1935 年最先发现于我国黑龙江省的克山病，以心肌坏死为主要症状，起因于缺少硒、钼；人类早就知道缺铁会导致耳聋；缺碘会出现地方性甲状腺肿大；我国曾报道过某地居民长期饮用含镉量较高的水，只生女、不生男。可见，能量的转换和利用可影响到染色体的活动能力。又如微量元素铁是血红蛋白的主要成分，钴是维生素 B_{12} 的组分，锰可激活精氨酸

酶等。

食物主体和微量成分可以提供能量，但它们本身并不是能量，还需要经过消化、转换才能加以利用。

知识点

胆 固 醇

胆固醇又称胆甾醇，一种环戊烷多氢菲的衍生物。早在18世纪人们已从胆石中发现了胆固醇，1816年化学家本歇尔将这种具脂类性质的物质命名为胆固醇。胆固醇广泛存在于动物体内，尤以脑及神经组织中最为丰富，在肾、脾、皮肤、肝和胆汁中含量也高。其溶解性与脂肪类似，不溶于水，易溶于乙醚、氯仿等溶剂。胆固醇是动物组织细胞所不可缺少的重要物质，它不仅参与形成细胞膜，而且是合成胆汁酸、维生素D以及甾体激素的原料。其代谢失调会引起动脉硬化和胆石症。

延伸阅读

富含常见维生素的食物

维生素A：动物的肝脏、蛋类、乳类。动物的肝脏富含维生素A，尤其是羊、鸡、猪的肝脏。

维生素B_1：多存在于葵花子仁、花生、大豆粉、瘦猪肉等。

维生素B_2：在绿色蔬菜中含量较高，蛋类、奶类、肉类、动物的内脏、蔬菜、水果等。

维生素B_6：存在于肉类、小麦、蔬菜，及各类坚果中，其中人体对来源于动物的维生素B_6利用率优于来源于植物的。

维生素B_{12}：肉类、动物内脏、鱼禽、贝壳类、蛋类等。

胡萝卜素：颜色较深的果蔬中含量较高，比如：西兰花、胡萝卜、菠菜、苋菜、生菜、油菜、荷兰豆、芒果、橘子、琵琶等。

维生素 C：鲜枣有"维生素 C 之王"的美誉，维生素 C 大部分存在于新鲜的果蔬、辣椒、茼蒿、苦瓜、豆角、菠菜、土豆、韭菜等。

维生素 D：鱼油中的维生素 D 含量最为丰富，蘑菇、菌类、鱼肝、鸡蛋、乳牛肉、黄油、咸水鱼等。

维生素 E：麦胚、玉米、大豆等。

维生素 K：维生素 K 广泛存在于动植物食品中，如菠菜、橄榄菜等，而且人体对于维生素 K 的需要量很低，所以成人一般不需刻意补充。

烟酸：富含于动物的肝脏、肾脏、瘦肉、鱼类、坚果，经过碱处理的玉米等。人体可以通过食用乳类、蛋类来间接补充烟酸，在熬玉米粥时，可以放点碱，来辅助人体补充烟酸。

叶酸：猪肝、猪肾、鸡蛋、豌豆、菠菜等，其中猪肝与菠菜中叶酸的含量为其他食物的 3~4 倍。

另外，维生素是很容易损失的，下面是减少维生素损失的几个细节：

1. 果蔬要趁新鲜时吃，不要久放。
2. 果蔬要先洗后再切。
3. 蔬菜要速炒出锅。
4. 新鲜的果蔬不要放在阳光下久晒。

餐桌主食的化学特色

通常的粮食包括谷物和豆类，其共同特点是均为干品，湿存水含量一般在 2% 以下。

1. 谷物

谷物包括大米、面、玉米、高粱米、小米、荞麦等。

（1）主要化学特点。谷物的主要成分为糖质，以淀粉为多。淀粉是以葡萄糖为单元连接而成的大分子，结构上有直链与支链之分（直链遇碘呈蓝色，支链则呈红褐色）。通常的大米、小麦、玉米等主要是直链淀粉。粳米与糯米淀粉结构略异，前者支链占 20%，后者则几乎全为支链。由于支

链物加热后易缠结，所以糯米饭比较黏。

（2）其他谷物。特别是麦类含相当多的蛋白质，但某些重要氨基酸较动物蛋白少，含脂肪较少，其脂肪酸为油酸45%、亚麻油酸33%，因此以谷物为主食时，必须补足副食，以保证蛋白质和脂肪的全面供应。

2. 豆类

豆类包括大豆、花生、芝麻、葵花子及杂豆等。豆类的化学成分较复杂，宜分别摘要讨论。

（1）大豆。大豆所含的氨基酸中除胱氨酸和甲硫胺酸较少外，其他与动物性蛋白相似，故为植物蛋白的名品；且含大量维生素B及其他多种维生素，较多的磷脂质（达1.5%），大部分为卵磷

白芝麻

脂和少量脑磷脂，所以其营养价值甚高。其中的磷脂质呈浆状，提取后可做食品加工的乳化剂；经精制可做营养强壮剂、高血压预防剂等。

（2）花生。花生营养价值甚高，其所含蛋白质中8种必需氨基酸均全面，脂肪含量高为其特点，钾、磷占1%，维生素B和烟碱酸较丰富，唯缺少维生素C。此外，其消化率仅次于牛肉及蛋类，优于大豆，消化时间较谷类长。

（3）芝麻。芝麻含有多种营养物质，含蛋白质、脂肪、钙、磷等，特别是铁的含量极高，每百克可高达50毫克。芝麻所含的脂肪，大多数为不饱和脂肪酸。芝麻还含有脂溶性维生素A、维生素D、维生素E等。芝麻的抗衰老作用，还在于它含有丰富的

黑芝麻

维生素 E 这种具有重要价值的营养成分。此外，维生素 E 还能减少体内脂褐质的积累，这些都可以起到延缓衰老的作用。

（4）葵花子。葵花子的蛋白质含量较高，热量又较低，而且不含胆固醇，是人们非常喜欢的健康营养食品。葵花子还含有脂肪、碳水化合物、钾、磷等。葵花子中还含有大量的食用纤维，能降低结肠癌的发病率。葵花子中丰富的钾元素对保护心脏功能，预防高血压非常有益。葵花子中所含植物固醇和磷脂，能够抑制人体内胆固醇的合成，防止血浆胆固醇过多，可防止动脉硬化。

知识点

卵 磷 脂

卵磷脂属于一种混合物，是存在于动植物组织以及卵黄之中的一组黄褐色的油脂性物质，其构成成分包括磷酸、胆碱、脂肪酸、甘油、糖脂、三酰甘油以及磷脂。卵磷脂被誉为与蛋白质、维生素并列的"第三营养素"。

延伸阅读

黑豆的营养价值

黑豆有豆中之王的美称，其营养价值主要有：

1. 黑豆营养全面，含有丰富的蛋白质、维生素、矿物质，有活血、利水、祛风、解毒之功效。

2. 黑豆中微量元素，如锌、铜、镁、钼、硒、氟等的含量都很高，而这些微量元素对延缓人体衰老、降低血液黏稠度等非常重要。

3. 黑豆皮为黑色，含有花青素，花青素是很好的抗氧化剂来源，能清除体内的自由基，尤其是在胃的酸性环境下，抗氧化的效果好，养颜美容，增加肠胃蠕动。

餐桌副食的化学特色

副食可分肉、蔬菜及果品 3 类。在我国古代常按其来源分为陆产与水产，俗称水陆毕陈；也有按宗教习惯分为荤、素两类的。西方国家则分为动物性与植物性，均有不明确之处。

1. 肉

肉常指鸡、鸭、鱼及其他禽兽（家养及野生）的体内可食用部分，包括肌肉、结缔组织、脂肪及脏器（脑、舌、心、肺、肝、脾、肾、肠、胃等），以及血和骨筋及胶原，以肌肉为主。肌肉，即瘦肉，其主要成分为蛋白质（20%），含必需的氨基酸甚多，因而肉成为营养之必备品；富含维生素，以肝脏，特别是鸡肝、牛肝最丰富，其维生素 A 可达 400 ~ 500 毫克%（指 100 克基体所含微量成分的毫克数），考虑到牛肝占体重 1.1%，可知维生素的实际含量确实很大。肉的消化吸收率在 95% 以上，以牛肉最高，猪、羊、鸡稍次。肉中均含有胆固醇，以鹿肉和马肉最低（1%），牛、猪肉亦不高（1.5%），其他较高的有鲸肉（3.91%）、兔肉（4.38%）和袋鼠肉（7.85%）。

2. 鱼及水产

不论是淡水或海水产，除含高蛋白外，均以维生素多及无机微量元素高为特点。例如乌贼的肝脏含铜占其成分的 4%，亦含相当多的锌、钴、镍。另一特点是水产的蛋白质中的硫等非氮化合物约占 30%，使其味道极为鲜美。

3. 蛋

各类禽蛋主要成分均为蛋白质（约 18%），其中鹌鹑蛋和鹅蛋的含量较高。蛋的食用部分为蛋清和蛋黄，二者成分不同。蛋清除水分外（占 86%），蛋清几乎全为蛋白质。蛋黄则含多种成分，脂肪 18.0%，卵磷脂及其他磷脂 11.0%，蛋黄磷蛋白质 14.5%，蛋黄素、胆固醇、血蛋白元共

5.7%，灰分1.0%，其余为水分49.5%（pH值约为6.3）。蛋含的氨基酸品种最全（18种），消化率95%以上，胃内停留时间最短。蛋的维生素甚多，维生素A、维生素B、烟酸、泛酸丰富（后者达3.1毫克%），微量元素亦多，如铁7毫克%，主要存于蛋黄中，营养价值甚高。

人体能合成许多自身构成需要的氨基酸和脂肪酸，但仍有好几种为正常生长、发育必需的成分要由食物供给，它们被称为必需氨基酸和必要脂肪酸，而肉、鱼、蛋中这两类营养素最丰富。必需氨基酸有组氨酸、异亮氨酸、赖氨酸、蛋氨酸、苯丙氨酸、色氨酸、缬氨酸、亮氨酸，身体能自制的重要氨基酸有丙氨酸、精氨酸、（半）胱氨酸、谷氨酸、酪氨酸等14种；必要脂肪酸有亚油酸、亚麻酸和花生四烯酸，缺乏它们时易出现皮炎、生长缓慢、水分消耗增加和生殖能力下降等症状。

在肉、鱼、蛋中均含有胆固醇。生理上细胞膜的组成、激素合成都需要它，维生素D的合成也以胆固醇为原料。把胆固醇同心血管病联系起来，只吃蛋白不吃蛋黄，完全是误解。

4. 蔬菜

蔬菜指含水分90%以上，可做维生素、无机质和纤维主要来源的植物，按外观可分叶（白菜、菠菜）、茎（芹菜）、根（萝卜、薯）、果（茄、瓜）4类，其中也包括各种海菜以及蕈类等。

蔬菜的价值还在于其特殊成分和特殊作用。纤维素和果胶质使肠蠕动，促进消化；蔬菜中酵素含量较多，有助于消化和各种生理功能；多种维生素，特别是维生素C；有鲜味及各种刺激性成分，如蕈类之鲜味，葱类之辛辣味等。此外，还有几种重要蔬菜的特点值得注意。

（1）豆制品。包括各类豆腐（南、北豆腐，油豆腐、香干、酱豆腐等）及豆芽菜。豆制品源于我国，特别是豆腐以其蛋白质含量高（干品为42%，比动物肉类中含量最高的鸡肉23%高出1倍，为鱼类的2~2.5倍），且属全蛋白，消化吸收率达96%（高于一般动物蛋白），尤其是胆固醇低（1%以下），更宜于老年人及心脏病患者食用，因而近年风靡西方及东南亚市场。①豆腐是利用Ca^{2+}、Mg^{2+}使大豆的水溶性蛋白质凝固制得的，通常先用热水将大豆浸泡，泡涨后磨细，此时植物细胞组织被破坏，蛋白质游离；用布袋过滤，淀粉及尚未磨细的部分成为豆渣，剩下的液汁为生豆

浆。向生豆浆中加入卤汁，即 0.01 摩尔的氯化钙或石膏的饱和溶液，由于电荷作用，蛋白质凝聚成豆腐脑；再经适当压滤即成豆腐。制豆腐时如温度及卤汁浓度较低，则得富于水分及弹性的南豆腐，反之则呈较硬的北豆腐。②其他制品有：将豆腐晾干，得白豆腐干；将其切成小块油炸成焦黄色，是为油豆腐；豆腐干涂以酱色做料，适当熏烤，即得香干；酱豆腐又称腐乳，系发酵品。③豆芽菜有黄、绿豆芽两种，通常将豆子用水泡涨约 10 日，根芽可达 15 厘米，以长约 2 厘米者营养较佳。其维生素 C 较豆中的大增，达 25～30 毫克%，蛋白质、糖含量亦高；每日见光半小时，维生素 C 及磷含量将有所提高。

（2）萝卜叶常被弃去，其实其营养均较其根部为优。干品含蛋白质达 30%，且多为易消化之纯品。尤富含亮氨酸和苏氨酸，可补谷物蛋白质之不足；富含维生素，维生素 C 达 90 毫克%，微量元素中铁含量丰富，实为高营养蔬菜。

（3）甜椒或称柿子椒、灯笼椒，以其肥大肉厚似灯笼状而得名，通常呈翠绿色，过熟者亦有呈鲜艳之红色的。除主要含蛋白质及糖外，维生素含量丰富，特别是维生素 C 高达 200 毫克%，是蔬菜及果品中最多的，有高营养价值。

（4）洋葱除含蛋白质、糖等外，其特点是有特殊的刺激性及辣味，与蒜、韭类似，有特殊香味。其主要成分为丙烯硫化物，有催泪、抗菌作用，兼有维生素 B 之功效，可助消化。

（5）芦笋干品含蛋白质 30%～35%，主要含天冬素。本品分绿、白两种，含多种维生素，尤以绿色者更多，其中维生素 C 达 31 毫克%。磷含量亦丰富，尖端为 100 毫克%，茎部较少亦有 30 毫克%。罐装芦笋有特殊的香味，因含二巯基异丁酸，有抗癌效果，备受推崇。

（6）苜蓿盛产于俄国。据研究其蛋白质含量为小麦、玉米的 1000 多倍，且几乎可全部被人体吸收；本品还含多种维生素，其中维生素 E 含量尤其丰富，它对习惯性流产、不育症、皮肤血管炎、硬皮病及肠痉挛均有防治作用，还可防止记忆力减退、延缓衰老。每公顷牧场提供的苜蓿蛋白为同样地面提供牛肉蛋白的 7 倍，有植物牛肉之称。

（7）木耳有黑、白两种，前者可生长于桑、榕枯树上，后者为银耳，在芸果木上繁殖较多，均可人工栽培。它们不含叶绿素，无合成淀粉功用，

苜 蓿

寄生于高等植物内，利用其营养成长发育。本品富含蛋白质和维生素，有特殊的芳香风味，增进食欲。白木耳可入药，有强精补肾、止咳润肺、提神健脑、娇嫩皮肤和防癌之功效。

5. 果品

果品分浆果（葡萄、草莓、香蕉、凤梨）、仁果（苹果、柿子、枇杷、柑橘）、核果（桃、梅、杏、李）、坚果（栗、核桃、白果、榛子）4 类，除后者为干果外，前三者约含 90% 水分，故称水果，主要成分为糖（10%），热量约 200 焦/克，多数缺脂肪及蛋白质，但含某些特殊的营养成分。

下面介绍几种重要的果品及瓜子的特点以供参考。

（1）柑橘包括橙子、柠檬、文旦、柚子。含糖分 10%，柠檬酸 2%～9%，维生素 C 80 毫克%。柑橘类的果皮约为全果实之 20%～50%，其中水分 74.3%，糖 4.4%，果胶 4.2%，蛋白质 1.7%，精油 1%，维生素 C 40 毫克%，有药用意义。

（2）核桃可食部分为 50%，主要成分有：水分为 4.1%，蛋白质 23.1%，脂肪 60.3%，糖 8.4%，热量 2600 焦/克。核桃的蛋白质中多含必需氨基酸，如色氨酸，营养甚为丰富。

（3）西红柿干品中糖分为 50%，果胶质 30%，水质中主要为苹果酸，维生素 C 为 13～44 毫克%。

（4）瓜子及果仁是一类重要的瓜果产物，常见的有南瓜子、西瓜子及杏仁等。它们均富含蛋白质及脂肪，且多含必需氨基酸及必需脂肪酸，故营养价值甚高。

知识点

氨 基 酸

氨基酸（amino acid）：含有氨基和羧基的一类有机化合物的通称，生物功能大分子蛋白质的基本组成单位，是构成动物营养所需蛋白质的基本物质，是含有一个碱性氨基和一个酸性羧基的有机化合物。氨基连在 α-碳上的为 α-氨基酸，天然氨基酸均为 α-氨基酸。

延伸阅读

柚子的营养分析

1. 柚子中含有高血压患者必需的天然微量元素钾，几乎不含钠，因此是患有心脑血管病及肾脏病患者（如果肾功能不全伴有高钾血症，则严禁食用）最佳的食疗水果。

2. 柚中含有大量的维生素 C，能降低血液中的胆固醇。

3. 柚子的果胶不仅可降低低密度脂蛋白水平，而且可以减少动脉壁的损坏程度。

4. 柚子还有增强体质的功效，它能帮助身体更容易吸收钙及铁质，所含的天然叶酸对于怀孕中的妇女们，有预防贫血症状发生和促进胎儿发育的功效。

5. 新鲜的柚子肉中含有作用类似于胰岛素的成分铬，能降低血糖。

能量的消耗

人体每时每刻都在消耗能量，但是各种活动消耗的能量多少是不同的，具体介绍如下：

1. 基础代谢率。人体空腹静卧于18℃～25℃的环境中，维持体温和器官最基本生命活动所需的能量称为基础代谢能量，每千克体重每小时所消耗的能量即为基础代谢率，相当于人绝对休息时的能耗，正常成年人的相应功率约为77～87瓦。

2. 劳动时。轻体力劳动如扫地、驾车、打字，相应功率约为170～180瓦（为基础代谢率的1.5～2.5倍）；重体力劳动如锯木、铲土，相应功率约为450瓦；负重爬山，功率约为1700瓦（为基础代谢率的20倍）。

3. 正常活动。成年人的一般活动能耗约为116瓦（相当于每天1万千焦）。几类主要活动的能耗为：睡眠，70瓦；站立或轻体力活动，140瓦；步行（4.8千米/小时），280瓦；跑步（33千米/小时），1 120瓦；写作时约为300瓦。

4. 运动时。短跑选手在赛跑起点的爆发功率为4 100瓦；举重选手把200千克的重物在1秒钟内举过头顶（约2米），相当于4 150瓦；人的肌肉每千克的最高输出功率估计为224瓦，对70千克体重的人来说，假定45%是肌肉，输出功率可达7 056瓦。

在对大学生正常能量需求统计和估算的基础上确定：一个体重60千克的男生，平均每天的能量消耗为12 600千焦，平均输出功率为145瓦；一个体重55千克的女生，平均每天的能量消耗为8 820千焦，平均输出功率为102瓦。

国际卫生组织规定人均日摄取热量应为1万千焦，此即温饱线。据1987年的统计（北京，"首都食物圈调查组"），北京人平均每日的摄取热量为1.1万千焦，超过印度和埃及（约1万千焦）；美、俄、法、加、澳为1.4万～1.5万千焦；日本为1.2万千焦。

知识点

基础代谢

基础代谢（basal metabolism，BM）是指人体维持生命的所有器官所需要的最低能量需要。测定方法是人体在清醒而又极端安静的状态下，不受肌肉活动、环境温度、食物及精神紧张等影响时的能量代谢率。

延伸阅读

大脑消耗的能量

一个人在思考的时候，大脑内的数百万个神经元会相互传递信息，并把大脑的指令传递到身体的各个部位。这些神经元工作的时候当然需要"燃料"。据测算，它们每天消耗掉肝脏储存血糖的75%，而耗氧量占全身耗氧量的20%。神经元消耗能量的方式很独特，首先大脑毛细血管壁附近的星形胶质细胞从血液中吸收能量丰富的葡萄糖，并将这些葡萄糖转换成神经元可以吸收的形式。神经元利用这些能量生产神经传递素，并最终形成"思想"。大脑思考得越多，其神经元需要的葡萄糖就越多。此外，大脑为了生存，每分钟也需要0.42焦（0.1卡）的热量，而当你集中精力进行思考的时候，你的大脑每分钟消耗的能量则是6.28焦（1.5卡）。相比之下，人在行走的时候每分钟大约消耗16.4焦（4卡）热量。

能量的转换

从化学角度来看，消化作用是指被摄取的食物通过水解转化成小分子的断裂产物，进而通过肠壁被吸收到体液中，并参与新陈代谢的过程。这些水解反应被酶催化，每种水解反应都有特定的酶做催化剂。糖、蛋白质和脂肪水解分别产生单糖、氨基酸和脂肪酸，进而在酶的催化下氧化（或燃烧）释放出热量。

1. 糖

糖是快速能源，包括葡萄糖、蔗糖、乳糖、淀粉等。唾液中的淀粉酶作用于淀粉产生二糖，如麦芽糖，这是消化作用的第一步。进入胃后，食物被胰脏分泌的酶作用，使糖继续水解成麦芽糖，再水解成葡萄糖，最后形成一些单糖的混合物。然后，这些糖被吸收进入血液，成为血糖，其浓度受激素胰岛素的调节和控制。如果血糖含量过高，单糖将在肝中转化为多糖糖原, 即肝糖, 在人肝中含量约为 6%。如果血糖水平太低, 则肝中贮藏的糖原被水解, 从而提高血糖水平。在酶的催化作用下, 被吸收后转化产生的单糖, 如葡萄糖才能燃烧, 提供人体所需要的能量, 其反应式如下：

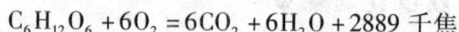

$$C_6H_{12}O_6 + 6O_2 = 6CO_2 + 6H_2O + 2889 千焦$$

2. 蛋白质

在蛋白酶的作用下, 蛋白质的水解从胃开始, 并且延续到小肠中, 产生的氨基酸通过肠壁吸收。食物蛋白质在胃酸的协助下, 由胃蛋白酵素分解为朊及胨, 食物在胃内的滞留时间因蛋白质的含量而异。肉的蛋白质含量高, 停留 3～4 小时, 此时胃液酸性强; 蔬菜和水果的蛋白质含量低, 停留 1.5～2 小时, 此时胃液的酸度低。汉堡包禁饿, 与牛肉的蛋白质含量高有关。从胃出来后经胰液中之胰蛋白酵素和胰凝乳蛋白酵素的作用分解为多肽, 在肠中经羧性酵素及胺基多性酵素分解为双性, 再经双性酵素分解为氨基酸, 以上 5 种酵素的 pH 值为 8～9。

3. 脂肪

与糖和蛋白质不同, 脂肪的消化主要是在肠道中进行的。帮助脂肪水解的酶是水溶性的, 然而脂肪又不溶于水, 这个矛盾怎么解决呢? 原来它是靠肝脏分泌的胆盐使油乳化, 生成的小油珠为酶提供起化学反应的表面, 其作用很像洗涤剂分子, 主要的胆盐, 如：甘氨胆酸钠就具有亲油、亲水的双亲结构。唾液中不含脂肪分解酵素, 所以此时脂肪不被水解。进入胃后, 在胃液中的脂肪分解酵素的作用下, 一部分脂肪分解为甘油与脂肪酸, 但该酵素的最适宜 pH 值为 5.0, 而胃液的 pH 值约为 1～2, 故其作用甚弱。而婴儿胃液的 pH 值约为 4.5～5.0, 故易将乳汁中的脂肪分解消化。

在能量的转换过程中, 酶或酵素起专一的催化作用, 参与特定的生化过程。酶如此重要, 下面介绍关于酶的知识。

1. 酶的特征

酶的基体是蛋白质, 但光有基体, 还不具备活性; 须有活动辅助剂存在或分子结构中有相当于此辅助剂的活性基础才可产生效力。前者称为主

体酵素，后者称为辅助酵素，两者结合方为全酵素。主体酵素又称酶朊，辅助酵素又称辅酶。要使酶活化（即发生作用），酶朊必须先和辅酶结合，正像要打开银行保险箱需要两把钥匙一样。

除极好的专一性外，酶的催化作用还有巨大的速率。例如：一个 β - 淀粉酶分子 1 秒钟能催化断裂直链淀粉中 4000 个键。这不能单纯用随机碰撞和使钥匙插入锁孔来解释，而要求有某种成分把"钥匙"吸入"锁孔"内，这种成分是酶或辅酶或底物上的电极性区域或特定的离子部位。

2. 最重要的辅酶——三磷酸腺苷（ATP）

三磷酸腺苷是 1980 年日本学者葛西道生在研究生物体的运动，包括从肌肉运动到精神活动的能量是如何转换时指出，所有的细胞都有 1～15 毫摩尔的 ATP。它的特点是随时可发生反应，释放出 193 千焦/摩尔的反应热：

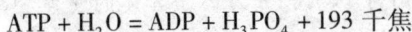

$$ATP + H_2O = ADP + H_3PO_4 + 193 \text{ 千焦}$$

这个热量就是我们赖以生存的能量，那么 ATP 又是从何而来的呢？它是由葡萄糖那样的高能物质通过能量代谢而取得的。在有氧存在时，葡萄糖氧化的同时生成 ATP；在无氧存在时，葡萄糖能在糖酵解体系中分解，生成乳酸的同时生成 ATP，反应为：

$$C_6H_{12}O_6 + 6O_2 + 34ADP + 34H_3PO_4 = 6CO_2 + 6H_2O + 34ATP + 34H_2O$$

$$C_6H_{12}O_6 + 2ADP + 2H_3PO_4 = 2CH_2CHOHCOOH + 2ATP + H_2O$$

这类反应大约和 70 种反应同时进行，但是生成 ATP 的反应是主要反应（式中 ADP 为二磷酸腺苷）。食物产生能量的反应可以归结为：

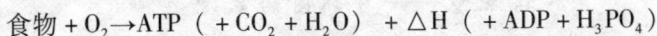

$$\text{食物} + O_2 \rightarrow ATP\ (+CO_2 + H_2O) + \triangle H\ (+ADP + H_3PO_4)$$

其中 △H = 生化合成 + 肌肉运动 + 热（体温）+ 其他能耗

所以，ATP 被戏称为"生物体内的能量通货"，相当于将难以花费的大钞（食物）兑换成常用的硬币（ATP）。科学家们曾对 ATP 进行过大量研究，已测定其 PK 值、电离度等。在通常的细胞中，由于 Mg^{2+} 浓度较高，所以大都以 $MgATP^{2-}$ 或 $MgATP^-$ 的 1:1 络合物形式存在。它们的性质均很活泼，ATP 开端的两个磷酸基和 ADP 末端的一个磷酸基的链称为酐键，是辅酶最活泼的部位，是"锁孔"吸引"钥匙"的某种活性区域所在。

在酶和底物相互作用（契合）的基础上，人们发展了主客体化学和超分子化学（C·J·斐德逊等，1987年获诺贝尔奖），制成了冠醚（二苯并18－冠－6）和穴醚（大二环、大三环、大四环）化合物，其特点是可作为 Na^+ 或 K^+ 的载体，已用以做成脱盐的海水淡化膜及提取钾的萃取剂，有可能据以制成模拟细胞膜。

知识点

超分子化学

超分子化学的发展不仅与大环化学（冠醚、穴醚、环糊精、杯芳烃、碳60等）的发展密切相连，而且与分子自组装（双分子膜、胶束、DNA双螺旋等）、分子器件和新兴有机材料的研究息息相关。超分子化学研究的内容主要包括：分子识别，分为离子客体的受体和分子客体的受体；环糊精；生物有机体系和生物无机体系的超分子反应性及传输；固态超分子化学，分为晶体工程、二维和三维的无机网络；超分子化学中的物理方法；模板，自组装和自组织；超分子技术，分为分子期间和分子技术的应用。

延伸阅读

人体能量——可利用的能源

纳米发电衣。据英国《自然》杂志报道，美国华裔科学家王中林领导的科研小组最新研制出一种能产生电能的新型纳米纤维。借助这种"纤维纳米发电机"，走路、心跳这些司空见惯的运动将来都能用来发电。整个过程无排放、无污染，堪称最具潜力的"绿色发电"。据报道，王中林是美国佐治亚理工学院教授、著名材料学家。在实验过程中，他们把凯夫拉合成纤维放入化学溶液中，在纤维丝上镀上氧化锌，镀在纤维丝上的氧化锌会径向生长，"长"出直径仅为头发1/1 800的纳米线，长满纳米线的纤维丝就像"女士卷发用的发卷"。将两个"发卷"平行放置，给其中一个镀

金或其他金属，金属可以和氧化锌形成类似二极管的导电效应，然后在马达的带动下，两个"发卷"相互错动摩擦，一拉一松。由于氧化锌的"压电效应"，纳米线的形变便可产生电能。据了解，王中林等人的这项成果其最大的吸引力在于，只要衣服穿上身无须做任何特别的动作，织物就可自行发电。王中林说："这项研究的重点在于如果你被风吹、听到声波或者受到振动，衣服都会发电，你不必做特殊的运动。"简单地说，"只要你能动，就能发电"。利用纤维成功进行纳米发电，意味着"发电衣"等柔性、可弯曲的发电体在不远的将来都会成为现实，甚至微风吹动的帐篷也能发电。

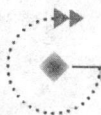

空间中的化学

　　人类生存的空间包括自然环境和社会环境，人的一生有70%的时间是在室内甚至家里度过的，因此居室（包括办公室、工作间和家室）的环境舒适及污染防治和室外近域的环境保护值得重视。舒适的室外环境虽然是一种心理反应，但这种舒适度不是任意规定的，是通过对成千受试者进行调查统计确定的，是实际的生理和心理对环境的某种适应性的要求的综合。其基础是任何环境因素的变化不得引起机体过度的生理调节与过分的心理紧张；其目的在于使机体经常处于正常的生理调节范围内，以便消耗较小的能量，发挥最大的功能，从而减少疲劳，获得最大的工作效益，而它又与通常的舒服、享乐不是同义语，而有其特定的科学含义。已知影响室内环境舒适度的主要（直接的和间接的）因素有空气、阳光、微气候等，当然也与一些个体因素，如肥胖程度、汗腺功能甚至脾气禀赋有关。

空气中的化学

　　我们的生命离开空气几分钟就会死亡，比挨饿忍渴的时间短得多，而我们呼吸的空气量每天约为13～14千克，比食物（1千克）和饮水（2千

克）量大得多。因此，保证我们直接呼吸的即室内及居室周围的空气质量极其重要。空气的化学涉及空气对人体的作用机制、清洁空气的标准以及如何保证空气的新鲜等。

1. 呼吸的化学

空气是通过呼吸对人体发挥作用的，吸入人体需要的氧气，呼出产生的二氧化碳，其作用机制大致归纳如下：①肺泡功能，人体呼吸系统最重要的器官是肺，两肺共有 3 亿个肺泡，每个肺泡平均直径 0.25 毫米，其上皮中的细胞可分泌一种表面活性物质二棕榈醛卵磷脂，使肺得以扩张（避免肺泡塌陷），因而肺活量（一呼一吸间的气体差额）大约 4 600 毫升，可承受每分钟呼吸量约为 6 000 毫升（每次吸入或呼出 500 毫升，每分钟呼吸 12 次）的交换需要；②肺泡气浓度变化，空气进入肺泡后，氧被持续不断地吸到血液里，因而肺泡中氧浓度由 19.7% 降低为 13.6%，二氧化碳不断从血液中释放到肺泡中，故其浓度达到 5.3%；③呼吸膜的作用，肺泡壁非常薄，在各泡之间有很坚固的交织成网的毛细血管，这些肺泡壁总称呼吸膜，又称肺泡膜，厚约 0.2 微米，总表面积约 70 平方米，在每一瞬间，肺毛细血管内血液总量为 60～140 毫升，相当于将如此少的人的呼吸过程的血铺在一间长 10 米、宽 7 米房间的地面上，所以交换反应就十分迅速；④气体的运输，氧和血红蛋白结合，利用系数一般为 25%，二氧化碳进入血液立即被碳酸酐酶催化与水结合生成碳酸，以碳酸氢根形式在红细胞内扩散，起缓冲作用，另一部与血红蛋白结合成氨基甲酸血红蛋白络合物，在肺泡内释放出二氧化碳呼出。

2. 什么是清洁的空气

除了要符合一定的污染物允许标准（包括能见度即颗粒物、臭氧及其他毒物以及恶臭和刺激性的有关规定）外，通常还规定：①负离子含量，如达到每立方厘米 1 000～1 500 个，则可显著提高健康水平和工作效率；如达到每立方厘米 5 000～10 000 个，则会感到呼吸舒畅，心旷神怡。因此，负离子浓度可作为空气新鲜程度的指标，但迄今未对此做成熟研究，通常室内负离子为每立方厘米 30～500 个，寿命为 1 分钟，但在人口密集且污染严重的地区，负离子已被各种污染物吸收殆尽，寿命仅数秒钟。

②二氧化碳的含量标准正常值为0.03%，最高许可值为0.07%或0.10%（体积比）；如果达到0.4%，就有昏迷、呕吐等征象；如达到3.6%，则会出现严重病态如窒息、休克；10%，则会死亡。

3. 空气新鲜的原因

为什么清晨或在雨后以及森林、瀑布附近、海滨空气清新呢？除了消除了灰尘、减少了排污外，主要由于负离子的作用。①产生。负离子是由于组成空气的各种成分不断受到宇宙线、放射性元素的射线、雷电以及太阳紫外线的作用失去外层电子形成阳离子，而释出的电子则附在另一些中性分子上形成负离子，由于电子运动速度快，所以负离子的活动范围比正离子大、分布广，在局部区域内可以一定寿命独立存在。②机制。负离子本身是带电体，可在运动过程中和正离子作用而沉集，使载带它的灰尘、烟雾粒子及其他异味物甚至病毒从空气中除去，因而使空气新鲜。人体本身是一个生物电系统，每个细胞都像一个微型电池，其膜内外有50~90毫伏的电位差，各种神经递质均靠电活动传递信息，负离子可以改善这些神经系统物质的功能，使人体对外界的反应敏锐，有清新感。实验证明，负离子的作用功能和机制非常复杂，例如它可改善肺换气动能，在吸入负离子空气后，肺吸氧量可增加20%，二氧化碳排出量可增加14.5%，还可调节自主神经系统的功能，使高的血压降低，脉搏与呼吸节律平稳，气管纤毛运动加速，肌肉反应能力提高等。这些良好作用都是减少疲劳、提高工作效率的生理基础。③功能。现场使用负离子发生器，证实它有降尘、灭菌和消除乙醚、汽油等难闻有机物质气味的作用。动物试验表明，在经棉花过滤的空气中生活的大鼠，几星期后因疲劳而死亡，这是由于这种过于洁净的空气中缺少负离子的缘故。在极端洁净的环境中，如集成电路生产车间、电子计算机控制中

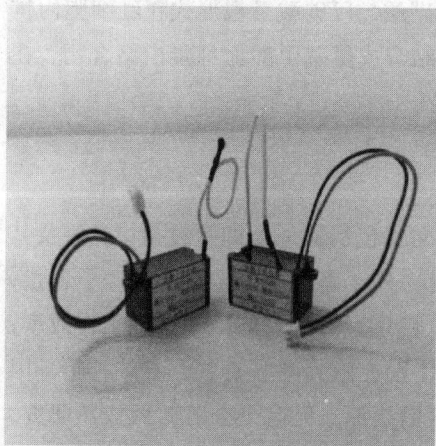

负离子发生器

心、潜艇或航天器的密封舱内，甚至通常的空调室中，尽管恒温、恒湿、一尘不染，但常使人头昏易倦、胸闷气短，这也是由于负离子太少。

知识点

放射性元素

放射性元素（确切地说应为放射性核素）是能够自发地从不稳定的原子核内部放出粒子或射线（如 α 射线、β 射线、γ 射线等），同时释放出能量，最终衰变形成稳定的元素而停止放射的元素，这种性质称为放射性，这一过程叫做放射性衰变，含有放射性元素（如 U、Tr、Ra 等）的矿物叫做放射性矿物。

延伸阅读

肺是如何换气的

经肺通气进入肺泡的新鲜空气与血液进行气体交换，氧气从肺泡顺着分压差扩散到静脉血，而静脉血中的二氧化碳，则向肺泡扩散。这样，静脉血中的氧分压逐渐升高，二氧化碳分压逐渐降低，最后接近于肺泡气的氧分压和二氧化碳分压。由于氧气和二氧化碳的扩散速度极快，仅需约 0.3s 即可完成肺部气体交换，使静脉血在流经肺部之后变成了动脉血。一般血液流经肺毛细血管的时间约 0.7s，因此当血液流经肺毛细血管全长约 1/3 时，肺换气过程基本上已完成。

化学里的阳光

居室的朝向颇受重视，是因为人们已积累了有关阳光化学作用的丰富经验，除热量、光感外，阳光是紫外线的天然来源，有下列重要作用与我们的生活息息相关。

1. 维生素 D 合成

阳光中具有促进人体合成维生素 D 的紫外线，从而抗佝偻病。①激活。

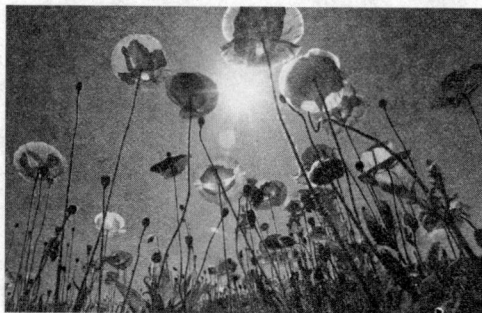

阳光下的花朵

试验表明，如果动物体内有足量维生素 D，而丝毫不接受紫外线照射，则仍会使血液无机磷下降、磷酸酯酶活性升高（佝偻病的早期指标之一），即维生素 D 不被吸收，佝偻病依旧发生；相反，如果适当照射紫外线，即使只摄入低剂量维生素 D，仍可防止佝偻病；因此孕妇和婴幼儿晒太阳十分重要。紫外线获得了"太阳维生素"的雅称。②波段。其功能最强的波长为 290～315 纳米处，当波段趋向长波时，作用减弱。③机制。皮肤的皮下组织中有麦角固醇和 7 - 脱氢胆固醇，经紫外线照射后，它们能转化成维生素 D_2、维生素 D_3，进而使血液无机磷和磷酸酯酶含量均保持在合适范围，有利于维持机体的正常代谢功能，促进钙的吸收，对预防婴幼儿佝偻病有决定作用。

2. 杀菌作用

阳光中的紫外线与人体健康关系至为密切，如不正确利用阳光也很不利，因为紫外线作用可致皮肤癌。①皮肤癌。1928 年芬得利（英）进行以强烈的阳光照射动物可使之致癌的实验，如用石英灯（紫外线）照射大鼠37 周，发现全患皮肤癌。据统计，美国皮肤癌患者南部日照强的地区比北部地区多，白人比黑人多，室外作业者比室内工作者多，其机制尚不清楚，是否是由于杀菌作用强烈，致正常细胞受害，DNA 的变性而导致突变，尚无定论。②波长。以 253.7 纳米的紫外线杀菌效果最好，在同样实验条件下，太阳光中能到达地面的紫外线的其他波长（约在 290～390 纳米）的相对杀菌效果由 30% 迅速降低，而其他波长的紫外线则被高空臭氧层吸收。③机制。紫外线之所以能杀菌，是因为它能被核酸吸收，使 DNA 分子上相

邻部位的胸腺嘧啶形成"二聚体",从而破坏 DNA 的正常功能;其杀菌能力与形成胸腺嘧啶二聚体的数量成正比,因此阳光紫外线能杀灭空气中的流感病毒、肺炎及流脑病菌,这就是日照充足的夏季很多经空气传播的传染病不易流行的原因。

3. 晒焦作用

①波长。作用范围为 300~450 纳米,以 320~350 纳米最强。②机制。皮肤基底细胞中的黑色素原在紫外线照射下可被氧化形成黑色素,沉着于皮肤上,这是机体的一种保护性反应;由于黑色素的沉积,可使大部分太阳辐射线特别是其短波部分,被皮肤表面吸收,阻止其透入深部组织,受照射的表层皮肤则由于吸收射线而温度升高,通过表面血管舒张及出汗,增加体表散热,使机体和环境达到代谢平衡。

4. 红斑作用

这是一种对人体极为有益的作用,其强度用"红斑剂量"表示。根据卫生学的要求,成人每天接受日照紫外线辐射不应低于 1/8 红斑剂量,儿童则要求更迫切,不应少于 1/4 红斑剂量。①定义。红斑作用指人的皮肤在阳光照射下,其照射部位呈浅红色(即为红斑);产生红斑作用的波长范围为 290~330 纳米,而以 296.5 纳米最强。②功能。使皮肤血液流畅,并通过刺激皮肤末梢的神经感受器,全面增进人体生理功能,加强机体的免疫反应能力。③机制。皮肤经紫外线照射后,上皮的棘状细胞产生组织胺、乙酰胆碱和组织分解产物;这些物质迅速渗入血液内作用于皮肤毛细血管网的血管壁,使毛细血管扩张,呈现无菌性发炎现象,形成红斑。④表征。红斑按照外观及消退情况分成四级:第一级,照射部位变红后,一两天内即可消失,不留痕迹;第二级,皮肤潮红程度较显著,三四天内局部皮肤可落屑脱皮,红斑逐渐消失,有时可遗留轻度色素沉着;第三级,除皮肤显著变红外,尚伴有轻度水肿现象,至少一周始能消退,表皮脱屑并遗留色素沉着;第四级,较第三级严重,只有在采用人工紫外光源以高剂量照射的情况下才能产生。⑤红斑剂量。与第一级红斑作用相应的紫外线照射剂量,称为"一个红斑剂量",它是生物学量单位,可用专门生物剂量仪测量之。

知识点

紫 外 线

紫外线是电磁波谱中波长从 10nm 到 400nm 辐射的总称，不能引起人们的视觉。1801 年德国物理学家里特发现在日光光谱的紫端外侧一段能够使含有溴化银的照相底片感光，因而发现了紫外线的存在。自然界的主要紫外线光源是太阳。太阳光透过大气层时波长短于 290×10^{-9} 米的紫外线为大气层中的臭氧吸收掉。紫外线根据波长分为：近紫外线 UVA，远紫外线 UVB 和超短紫外线 UVC。

延伸阅读

科学地晒太阳

日光浴，俗称晒太阳，是一种借助阳光来健肤治病的自然疗法。据有关专家说，人的细菌感染，先从皮肤开始，经常接受日光浴，可以有效杀灭细菌或对细菌起抑制作用。进行日光浴时间，应根据地区和季节差异有所不同，夏季可在上午 9～11 时、下午 4～6 时进行；冬季以上午 10 时至下午 2 时最为适宜。每次可晒 2 小时左右。进行日光浴时，不宜空腹，不可入睡，酌情暴露身体，经常转换体位。夏天要戴草帽和墨镜以保护头、眼，预防中暑；冬天要适当穿得厚一些，一般不宜外露身体，预防患感冒引起其他疾病。

小气候里的大学问

居室内外的小气候对环境舒适度的影响甚大，其中室内湿度和温度是

两个重要参数，通风换气是改善环境的必要措施。

1. 湿度

湿度也是热环境舒适的重要因素，这是由于机体散热与空气中的水蒸气分压有密切关系。①机制。湿度对体温的影响是空气中的水分增加将抑制表皮汗水的蒸发（不利散热），并加强导热（水蒸气的导热系数比空气高近100倍），这两种相反结果的综合体现，所以湿度高时，高温将导致闷热；低温则比干空气中冷感强得多。②舒适湿度。大量考察表明，相对湿度24%～70%内，机体体温易于维持；体感满意。③适宜湿度。夏季为20%～70%，冬季为24%～83%；人体对热和冷的耐受性与湿度关系甚大，实验表明，如空气完全干燥，人可耐受93℃的气温而没有显著的病理影响，但若空气100%润湿，只要环境温度高于34℃，体温即开始升高并可导致中暑病变；在潮湿的冷空气中，对"冷"的敏感显著加剧，例如干燥时，机体在－40℃仍可生活，但若浸在冰水中或冷湿的空气中，则20～30分钟后体温将显著降低，甚至僵化和休克。

2. 温度

温度指环境的热舒适，美国采暖、制冷和空气调节工程师学会把热舒适环境定义为：人在心理上感到满意的热环境。在其影响因素中个体直接生存的外界温度占首要地位。①机制。热舒适的核心是机体体温调节，在15℃～55℃间的干燥空气中，赤裸的身体一直能维持正常的36.5℃～37.5℃体温，但调节除有一定限度外，当温度骤变或是异常高差时，位于下丘脑前部的热敏神经元活动紧张，导致其他动能失调或引起功能障碍。据新加坡的有关天气和工作能力关系研究的报道，在湿热条件下无线电报务员、驾驶员气闷心慌，失误及事故明显增加，当气温过低时，机体为了保持体温，皮肤和毛细血管收缩，高级神经中枢活动性降低，肌肉活动的反应灵敏度明显劣化，尤其是用手指操作的工种，对工作效率的影响更大。②舒适温度。大量研究表明，在气温18℃～20℃时，人的皮肤温度基本不变，此时热调节动能处于稳定状态，个体心理感到满意，一般空调均采用此参数。③适宜温度。对1 600位受实验者调查和分析的结果表明，舒适感与气象及其他多种因素有关，夏季为18.9℃～23.9℃，冬季为17.2℃～

21.7℃；人体对"冷"耐受，而不导致异常反应的下限温度为11℃左右，而对"热"的耐受上限温度为29℃～32℃，因此在11℃～29℃范围（夏天21℃～32℃，冬天11℃～20℃）内，人们一般均有舒适感，可维持最佳的工作效率。

3. 气流速度

通风换气是改善室内微气候的重要办法。①换气速度。实验表明，一套80立方米的住房（相当于连通的两居室）在室内外温差为20℃时，开窗9分钟，就能把室内空气交换一遍；温差为15℃时，则需12分钟；交通要道换气时间应选在上午10时和下午3时左右，以避开污染高峰。②气流方向。空气可以来自人体的前方、后面、侧向、上或下部。来自上部的空气与人体散热是相向作用的，在室内造成紊流；空气来自下部，则在室内形成层流。来自下部的采暖热空气，温度宜偏低些，来自上部的敛冷空气，温度宜偏高些，气流速度的波动使人很不舒服。③适宜速度。以保持在0.1～0.5米/秒为好，对于坐着的轻体力劳动，室内空气速度应在0.2～0.3米/秒之间；对于间歇的有相当体力强度的工作，空气速度可达5～10米/秒。

知识点

紊　流

紊流一般相对"层流"而言，是指速度、压强等流动要素随时间和空间作随机变化，质点轨迹曲折杂乱、互相混掺的流体运动。紊流的特点：①无序性。流体质点相互混掺，运动无序，运动要素具有随机性。②耗能性。除了黏性耗能外，还有更主要的由于紊动产生附加切应力引起的耗能。③扩散性。除分子扩散外，还有质点紊动引起的传质、传热和传递动量等扩散性能。

延伸阅读

正确使用加湿器

1. 在使用加湿器时，不能随意添加消毒杀菌剂、醋、香水、精油等。因为消毒杀菌剂通过雾化进入空气，被吸入人体后，其中的化学试剂对肺部和支气管的上皮细胞会产生刺激，长期使用细胞会遭受损伤，引起不同程度的疾病。

2. 加湿器如果长时间使用，内壁就会滋生真菌或细菌，其中一些致病菌通过细小的水滴颗粒，进入人体的呼吸道和肺脏，可能引起过敏反应、发热，甚至会导致肺炎。最好坚持每天换水，每两周彻底清洗一次，尤其是刚启用的加湿器，一定要保证清洁。

3. 加湿器使用时间不要太长，一般用几个小时就可以关掉，无需整天开着。冬季最适宜的空气湿度是40%～60%，过于干燥会造成咽干、口燥等，而过于潮湿则会引发肺炎等疾病。使用时，最好每隔一段时间测定并调节合适的湿度。另外，关节炎、糖尿病患者不宜使用加湿器。

■■■ 工作环境里的化学

职业环境即工作环境，是人们活动的主要场所，可看做广义的居室，睡眠以外的大部分时间均在这里度过，是个体生活环境的重要部分。职业环境的有关化学问题尚待系统研究，由于职业种类较多（例如美国著名未来学家 M·塞顿指出，在未来的 20 年中，仅热门职业就不下 500 种），分类较困难，然而认真探讨该课题，是现代生活化学课题中应有之义。本节按环境科学的要求，将职业环境大致分为低温环境、高温环境。

1. 低温环境

18℃以下即可视作低温，通常对人的生活有不利影响的低温指 10℃以下。除冬季低温外，低温环境主要指高山、极地及水下和边卡、野外作战等。

（1）影响。①全身性生理效应。外界温度为 –1℃ ~ 6℃时，依靠体温调节系统，人体深部体温尚保持稳定；时间过长，体温开始下降，呼吸和心率加快，颤抖以及头部不适；体温降至 34℃，症状严重，产生健忘、口吃；体温降至 30℃，全身剧痛，意识模糊；体温降至 27℃以下，全身反射消失，濒临死亡。②冻伤。其临床表现分 3 级：红斑，可以恢复；水疱性冻伤，经治疗可复原；坏疽，难于复原。人体易发生冻伤的部位是手、足、鼻尖和耳郭等，冻伤的产生同人在低温环境暴露时间有关：5℃ ~ 8℃，产生冻伤需要几天；–73℃，几秒钟；–20℃下皮肤与金属接触时，发生粘贴，称为冷金属粘皮，有氧化膜的铝和铁最易造成这种冻伤。小孩儿比成年人更易冻伤。

（2）防护。①加温。利用供暖和空调使舱室等局部环境保持舒适温度；在衣服内加温如通以热水、电池加热、化学加热等。②活动。剧烈体力活动可使人体产生 1 633 瓦的热量，比平时人体代谢率提高 20 倍左右。在 –20℃以下除厚衣服外，体力活动是必要防寒措施。③加衣。人在 21℃气温环境中保持舒适所需的衣服为 1 隔热单位，12℃为 2 隔热单位，3.5℃为 3 隔热单位，–6.5℃需 8 隔热单位，–12℃为 11 隔热单位；每 2.5 厘米厚的干燥衣服约为 3 隔热单位，衣服过厚无实际价值。④习服。经长期有意识锻炼，可有限度地适应。⑤饱食。饥饿时更容易受冻害。

2. 高温环境

温度超过人体舒适程度的环境。一般取 21℃ ± 3℃为人体舒适温度范围，因此 24℃以上的温度即可认为是高温，但对人的工作效率有明显不利影响的温度，通常在 29℃以上。

（1）影响。①灼伤。高温使皮肤温度达 41℃ ~ 44℃时就会感到灼痛，若继续上升，皮肤基础组织即受到伤害。②高温反应。局部体温升高达 38℃便产生不适；体温超过 39.1℃ ~ 39.4℃，适应能力已达极限，即开始出现生理危象如头晕、胸闷、虚脱、大小便失禁直至死亡。③高温习服。长期在高温环境中生活或者有意识地锻炼，可对 49℃以下的温度产生适应，称为高温习服。

（2）形成。高温环境主要见于热带、沙漠地带以及一些高温作业、某

些军事活动和火车、轮船的锅炉及发
动机操作间，由不同的热源形成。①
人体，在人群密集的生产环境，或人
在密闭的环境，如潜水艇中散发的热
也能形成高温环境；平均一个成年人
散发的热相当于一个146瓦的发热器
的放热，所以人也是一个小火炉；如
在潜水艇中航行几个月舱内热积聚，
温度可达50℃。②太阳辐射，在炎热

冷却服

的夏季、田间、地头、马路、露天矿山等由日光强烈照射而形成高温。③
燃烧燃料，在锅炉、冶炼炉、窑等燃烧过程所散发的热。④机器，如电动
机、发动机运转时产生的热。⑤化学反应，化工厂的反应炉及核反应堆散
发的热。

（3）防护。①局部防护，使用隔热材料制成的防护手套、头盔和靴
袜。②冷却服，即在衣服的夹层内通气或水以达到全身冷却。

3. 噪声环境

纺织、机械和印刷行业，使用风动工具、试验马达、操纵振动台、机
场附近的工作点，机动车辆特别是列车司机室，都可能存在强烈的噪声。

（1）影响。①神经系统，使脑血管受损，出现失眠、心慌、记忆力减
退、全身疲劳等症状。②心血管系统，胆固醇升高、心跳加速、心律不齐、
血管痉挛等。③听力，一般接触噪声出现耳鸣、听力下降，只要时间不长，
即很快恢复正常，为听力适应；需要10小时以上方能恢复者为听觉疲劳；
严重者为噪声性耳聋，丧失听觉；强大的声暴，出现鼓膜破裂，伴有头疼、
恶心等。

（2）防护。①隔声屏障，在大办公室中设立消声的墙彼此隔开声音干
扰，形成噪声掩蔽。②安装消声器。③控制噪声源，为保证工作和学习，
工作间噪声应控制在55～70分贝；为保证休息和睡眠，环境噪声应控制
在35～50分贝。

4. 其他职业环境

主要是防止化学毒物的局部浓集，如矿井坑道、工厂车间的有害气体、粉尘或毒物造成的不适环境。主要有：①建筑行业，石棉、水泥粉尘、沥青烟雾易致肺癌和肝癌及呼吸道疾患；防治办法，密封操作。②化工，氯乙烯、萘胺、有机溶剂及有害气体致毒；防治办法，通风、改进工艺流程，密封自动化，杜绝排污。③放射性矿物，铀、镭的粉尘及辐射可致肺癌、骨癌及血癌；防治办法，遥控及使用机器人。④烟道，打扫烟囱的工人多发皮肤癌、肺癌，因为吸收了烟灰、煤焦油中释出的多环芳烃等；防治办法，戴高级致密口罩乃至防毒面具，穿全身密闭式工作服，使通烟道自动化，进行充分的消烟除尘预治理。

知识点

消声器

消声器是阻止声音传播而允许气流通过的一种器件，是消除空气动力性噪声的重要措施。消声器是安装在空气动力设备（如鼓风机、空压机）的气流通道上或进、排气系统中的降低噪声的装置。消声器能够阻挡声波的传播，允许气流通过，是控制噪声的有效工具。消声器的种类很多，但究其消声机理，又可以把它们分为6种主要的类型，即阻性消声器、抗性消声器、阻抗复合式消声器、微穿孔板消声器、小孔消声器和有源消声器。

延伸阅读

如何远离电磁辐射

现代人的工作环境中少不了电脑，我们在享用网络带来的各种方便同时，也不要忽视电磁辐射这一隐形杀手，电磁污染所造成的危害是不容低

估的。前苏联曾发生过一起震惊世界的电脑杀人案，国际象棋大师尼古拉·古德科夫与一台超级电脑对弈，当时古德科夫以出神入化的高超棋艺连胜三局，正准备开始进入第四局的激战时，突然被电脑释放的强大电流击毙，死在众目睽睽之下。后经一系列调查证实，杀害古德科夫的罪魁祸首是外来的电磁波，由于电磁波干扰了电脑中已经编好的程序，从而导致超级电脑动作失误而突然放出强电流，酿成了骇人听闻的悲剧。如何保护免受电磁辐射的侵害呢？可从以下几方面入手：

1. 老人、儿童和孕妇属于电磁辐射的敏感人群，在有电磁辐射的环境中活动时，应根据辐射频率或场强特点，选择合适的防护服加以防护。建议孕妇在孕期，尤其在孕早期，应全方位加以防护，对于电磁辐射的伤害不能存有侥幸心理。

2. 平时注意了解电磁辐射的相关知识，增强预防意识，了解国家相关法规和规定，保护自身的健康和安全不受侵害。

3. 不要把家用电器摆放得过于集中，以免使自己暴露在超量辐射的危险之中。特别是一些易产生电磁波的家用电器，如收音机、电视机、电脑、冰箱等不宜集中摆放。合理使用电器设备，保持安全距离，减少辐射危害。

4. 注意人体与办公和家用电器的距离，对各种电器的使用，应保持一定的安全距离，如电视机与人的距离应在 4~5 米，与日光灯管距离应在 2~3 米，微波炉在开启之后要离开至少 1 米，孕妇和小孩儿应尽量远离微波炉。

5. 各种家用电器、办公设备、移动电话等都应尽量避免长时间操作，同时尽量避免多种办公和家用电器同时启用。手机接通瞬间释放的电磁辐射最大，在使用时应尽量使头部与手机天线的距离远一些，最好使用分离式耳机和话筒接听电话。

6. 饮食注意多食用富含维生素 A、维生素 C 和蛋白质的食物，加强机体抵抗电磁辐射的能力。

7. 安设电磁屏蔽装置，在电磁场传递的途径中安装屏蔽装置，使有害的电磁强度降低到容许范围内。这种装置为金属材料的封闭壳体，当交变电磁场传向金属壳体时，幅度衰减。

居室污染物的危害

1. 居室中的污染物

（1）污染源。现在普遍认为室内污染比"户外污染"更严重，主要污染源来自：①自生毒物，室内和室外有关因素结合而产生的毒物，如墙壁、天花板、窗户、饰物、家具、地毯等在阳光、空气等的长期作用下，塑料老化、纤维分解、油漆脱落生成的恶臭物、尘土和致癌物；②污垢和生活垃圾；③室内外各种噪声；④厨房，实测结果表明，取暖和做饭用的燃料燃烧产生的废气和烟尘，是家庭最重要的污染源；⑤排泄废物，人群呼吸过程中排放的废气，不洁衣物、食品及人体皮肤、器官排出的汗渍、尿、粪便未除净时散发的脏尘和异味，香烟的灰和烟气；⑥室外污染物，通过通风换气进入室内的大气毒物及各种微生物；⑦辐射，家用电器的电磁波和建筑材料的放射性等。

（2）污染物。就化学成分及组成而言，室内污物主要有：①甲醛，是泡沫塑料板，家具材料中各种胶合板、碎料板中使用的胶黏剂成分，也是壁纸、塑料布、塑料制品的添加剂成分，当它们老化后由于阳光、空气、水蒸气的作用分解时就释出甲醛，可引起多种病变。曾报道，在美国新建的装上绝缘材料的居民住宅里，从脲醛塑料中散发出的甲醛气体浓度很高，足以引起头晕、呕吐、皮疹和鼻出血等。②苯并芘，为一强致癌物，其来源与一氧化碳、二氧化硫基本相同，它还广泛存在于飘尘及各类污垢中。据测定，在一个生炉取暖的居室中，空气中苯并芘的浓度为每立方米 11.4 纳克，比室外高 5 倍；在一个经常有人抽烟的酒店内，其含量则达 28.2 ~ 144 纳克，为一般城市空气的 50 倍。③放射性氡，这是一种致癌和危害生育系统的成分，是最近几年进行室内监测发现的最惊人的污染物。氡本身并不危险，但是它的带电裂变产物附在灰尘上，而这些尘粒又进入肺，形成极其危险的内照射，这种近距离辐射对细胞的破坏最厉害。氡是从砖块、混凝土、土壤和水中散发出来的。在普通住宅里测得的氡含量比户外高好几倍。有人在浴室里测到，喷淋龙头放水 15 分钟后，氡在空气中的含量增

加25%。不过关于氡的作用也有不同看法，1988年曾报道，适量放射性氡可强化人的神经系统功能，使人精力充沛，早晨大气中氡含量最高，也是人工效最高的时候。④一氧化碳。各种燃料如煤气、石油气、煤等在燃烧时供氧不足常大量产生，北京每年冬天因一氧化碳中毒而死者不下数十人，通风良好的夏秋季，居室内外一氧化碳差别不大，日平均浓度为1~5微克/千克，采暖季节室内为10~20微克/千克；那些房间矮小、通风不好的小四合院的南屋，往往达100微克/千克；实测表明，烧石油液化气的厨房，点火前一氧化碳为2微克/千克；同相邻居室差不多；做饭1小时，厨房一氧化碳为30微克/千克，相邻居室达20微克/千克；熄火后厨房和住室的一氧化碳量都开始下降，数小时后分别为8微克/千克和4微克/千克，吸一包烟可放出20毫升一氧化碳，有人吸烟的房间的一氧化碳含量比一般房间高6~7倍；此外公路两旁近处住室的一氧化碳浓度比一般居室高1~3倍，而且与汽车流量呈正相关，所以汽车排气是室内一氧化碳的污染源之一。⑤二氧化硫。主要来自燃煤炉灶，集中供暖的房间，其含量均低于室外，没有煤气和石油气的居民户，非采暖季节的室内二氧化硫含量比外环境高30%，冬季则高得多，这种气体呈酸性，强烈刺激呼吸道。

　　(3) 其他污物。主要有污垢和垃圾等。①垃圾，是日常生活的副产品，城市垃圾主要包括生活垃圾、医院垃圾、市场垃圾、建筑垃圾和街道扫集物等，现代发达国家中还有所谓零散垃圾如各类家用电器、旧家具。在日本，城市垃圾为50万吨，我国平均每人每天垃圾合1千克。这里主要讨论家庭生活垃圾，包括厨房废弃物（如已腐烂的蔬菜、残羹剩饭）、尘土（如煤灰、渣土）、废屑（塑料、纸及其他金属小件）及杂物（鞋、袜及破旧衣物）等，成分很复杂，包括各种有机发酵及霉变和腐败产物，无机灰尘、颗粒物中的硅、金属氧化物、硫酸盐、碳酸盐等。居室垃圾主要是灰尘，其中粒径小于10微米的称为飘尘，容易吸入肺内，危害甚大；大于10微米的称为降尘，易于清扫。灰尘通常集聚在房屋的角落、书架背后、床铺底下等不通风和隐蔽处，形成纤维状物和蛛网，日久易生成微生物如螨类病毒。②污垢通常指积结在物体上的脏东西，主要有人体污垢、餐具污垢和住宅污垢3类。按其性质可分为有机（油污）及无机（矿尘）物，它们包括人体分泌物（汗渍、血斑），衣履被褥及家具中抖出的皮屑，变性的蛋白质，餐具中剩下的食物、饮料未及时清除的干渣及霉变物，水池、便池中的积垢等；除引起视觉不悦外，它们是居室的主要异臭源。异臭对大脑皮质是一种恶性刺激，使人恶心、疲劳和食欲不振，并使疾病恶化。③飘尘，屋室内最厉害的杀手，各种微生物、人体本身排出的不洁气体、飞沫、病毒均附在飘尘上传播，使个体受到交叉感染，是呼吸道炎症的主要病源。尤其使婴幼儿和老者受害；居室内飘尘浓度（用每立方米的微克数表示）与房屋结构、卫生条件、通风方式及人口流动情况有关。在每天吸尘一次的空调居室内，浓度最低（50 以下），在一般情况下，室内飘尘浓度均低于外环境，如集中供热且卫生的房间，为150；但在生火做饭取暖的房间，可能高于室外，达300。据测定，一个普通居室内无人活动时，飘尘浓度为80；有人活动时，很快升高近 1 倍达 150，如有 2 人吸烟，则超过200。

2. 建立卫生居室

在社会条件允许下可采取多种措施，使居室（包括办公室）更卫生。

（1）改善居住条件。①合理利用居室，当室内人口密度大和人员流动频繁时，细菌总数和二氧化碳含量明显增加；经测定当人均居住面积由 3 平方米增至 4 平方米时，室内细菌总数减少1/3，增到 8 平方米，则减少2/3；故宜小室分居。②居室位置及大小，地处大工厂附近、闹市地区，室内污染物种类多、浓度高。一般居宅区应位于工业污染源的上风侧，应与工厂有一定的卫生防护距离，并占一定的人均面积和净高，对采光和通风都是必要的，这是居住的基本条件。研究表明，净高小于2.5 米的房间，细菌总数大于净高为2.7 米和2.9 米的；在净高2.7 米的条件下，每人应有 6～9 平方米居住面积，对于减少传染病和呼吸道感染是十分必要的。

（2）采取合理措施。在已有条件下可用的办法有：①勤清扫。为了防止飘尘和病毒的聚集，每天应及时扫除，由于结核杆菌在阴暗处可活几个月，它们特别容易附在床底下角暗处的纤尘上，所以这些地方不宜放置妨碍扫除的杂物，扫出的垃圾切不可让其在厨房中过夜，否则容易生长病毒螨。②改善微气候。前述的微气候参数如温度、湿度和气流速度，综合作用于人体，也影响到微生物和细菌的繁殖；除了适时洒水润湿地面和经常通风换气外，还应特别注意在炉灶上安装风道，要尽量减少厨房和居室的空气对流，防止不洁空气进入。③合理采光。充分利用阳光，不仅可增加

室内光照度，更可净化空气；为了保证良好采光，除房间的窗、门（阳台）等采光口与住室地面间的距离要有一定比例外，应保持窗户清洁，尽量开窗让阳光直射，因为隔一层玻璃，细菌死亡时间要延长 3~5 倍；白天不要挂窗帘，而且最好把窗帘分成两部分挂在窗户的两侧；应尽可能拆除纱窗，因为纱窗可挡光 20%~30%，更不要用透明塑料布及纸张糊窗户，因为它们的透光率比玻璃低 20%~40%；为了充分杀菌，床铺应放在居室中接受阳光的最佳位置。④湿式扫除。宜用湿墩布擦地，或先洒水后用条帚轻扫，或喷洗涤液再吸尘，不仅可防止尘土飞扬，还可使地面保持润湿，调节室内湿度；据测定，室内尘土飞扬时，空气中负离子很快消失，一般室内负离子为每立方厘米 30~500 个，而灰尘多时迅速降至此量的 20%，寿命由 1 分钟缩短到几秒钟。⑤劳动卫生。将书桌、办公用具及家具调整和装配得适合人的需要，从而最佳地使用人的精力，获得最优的工作或休息效率。通常应考虑：避免持续的负荷和固定不变的工作姿势，头顶重物比手提好，坐着工作比站着工作好，因为有利于血液循环，减小韧带的力矩；要有适合人身材的桌、椅，最好坐椅可以调节，坐垫硬软要适中，以保证脊椎的舒展和减轻大腿的负荷，并有利于颈部及头部的平衡。要选择适当的工作鞋，后跟应稍高。

知识点

飘 尘

飘尘，通常称为"可吸入微粒"，是物质燃烧时产生的颗粒状漂浮物，它们因其粒小体轻，故而能在大气中长期漂浮，漂浮范围可达几十千米，可在大气中造成不断蓄积，它与空气中的二氧化硫和氧气接触时，二氧化硫会部分转化为三氧化硫，使空气酸度增加，使污染程度逐渐加重。飘尘能长驱直入人体，侵蚀人体肺泡，以碰撞、扩散、沉积等方式滞留在呼吸道不同的部位，粒径小于 5 微米的多滞留在上呼吸道。

延伸阅读

去除甲醛的方法

1. 通风法。通过室内空气的流通，可以降低室内空气中有害物质的含量，从而减少此类物质对人体的危害。冬天，人们常常紧闭门窗，室内外空气不能流通，不仅室内空气中甲醛的含量会增加，氡气也会不断积累，甚至达到很高的浓度。

2. 活性炭吸附法。活性炭是国际公认的吸毒能手，活性炭口罩、防毒面具都使用活性炭。本品利用活性炭的物理作用除臭、去毒，无任何化学添加剂，对人身无影响。每屋放两至三碟，72 小时可基本除尽室内异味。中低度污染可选此法，也可选此法与其他化学法综合使用，综合治理效果更佳。

3. 土招。300 克红茶泡热茶两脸盆水，放入居室中，并开窗透气，48 小时内室内甲醛含量将下降 90% 以上，刺激性气味基本消除。

4. 植物除味法。中低度污染可选择植物去污，一般室内环境污染在轻度和中度污染、污染值在国家标准 3 倍以下的环境，采用植物净化能达到比较好的效果。根据房间的不同功能、面积的大小选择和摆放植物。一般情况下，10 平方米左右的房间，1.5 米高的植物放两盆比较合适。

庭院美化中的化学

庭院美化、工厂花园化、城市公园化的设计中都着眼于绿化和良好的景观。

1. 绿化

绿化就是在可利用的空间，如空地、墙壁及楼顶种植草木，其主要作用是净化入室的空气、改善小气候、杀菌。

（1）净化大气。许多植物有滞尘和吸毒功能：①吸毒。有的植物可以

选择地吸收大气中的毒物或有特殊功能,其机理尚不清楚,例如槭树、银桦、桂香、柳、加拿大杨可吸收弱极性的有毒气体或某些有机溶剂的蒸气,如苯、酮、醚、酰等;扁豆叶、西红柿叶、桧柏、刺槐、月季、臭椿、女贞等可吸收二氧化硫;棉花植株、针叶松可吸收氟化氢,洋槐、杉等可吸收光化学烟雾的有关成分如臭氧、氮氧化合物;烟草叶、长青藤、冬青可吸收汞蒸气;一种牧草紫云英可富集硒,每千克含硒量高达 1 ~ 10 毫克,美国阿拉斯加州有一山谷,牧草丰茂,但常致牲畜死亡,原因是硒中毒,世称"恐怖魔谷"。②滞尘。这是一般植物尤其是阔叶植物的普遍功能,因为叶片的表面有很多褶皱、绒毛,还可分泌油脂和黏液,从而吸附大量粉尘,铺草坪的场地比裸露的场地近地层上空含尘量少 2/3。据测定,离首钢较近的一个绿化队果园内的降尘量却低于离首钢较远的新古城,已知某些树种如毛白杨、板栗、侧柏、核桃、云杉、榆树等滞尘效果甚佳。

(2)改善小气候。①温度。据实测,盛暑时绿地和树荫下的气温比柏油和石子路面低 10℃。建筑物一般只能吸收 10% 的热量,而树木却能吸收 50% 热量。1982 年 8 月 1 日北京东单广场地表温度最高达 43℃,而邻近相距仅数十米的东单公园绿地上则为 27.2℃。北京青云仪器厂某车间要求夏天温度保持在 20℃ 左右,过去每年靠搭棚遮阳防暑。1970 年开始造林绿化,3 年后车间温度得到相同程度控制。冬天,由于树木、公园化的城市野草仍在进行生化放热反应,以及阻挡寒流和冷空气,故林密处气温比旷野高 3℃ ~ 5℃。②湿度。绿化后相对湿度提高 10%。

(3)灭菌。据实测,闹市上空的细菌数目比绿地多 10 ~ 15 倍。①杀菌原因。许多植物能分泌具有强烈功能的杀菌素,如桉树分泌杀结核和肺炎菌素,松树分泌杀白喉、痢疾菌素(每 667 平方米松树林,一昼夜分泌 2 千克杀菌素)。试验表明柳杉、白皮松的分泌物可在 8 分钟内灭菌,紫葳、柏、橙树的分泌物为 5 ~ 6 分钟,法国梧桐 3 分钟,地榆根则只需 1 分钟。②细菌分布。通常空气中各类细菌以公开场所最高,街道次之,公园的草坪上最少。例如杭州市的一次测量结果:长途汽车站最高,每立方米空气 31 551 个,火车站 18 458,百货公司 15 690,西山路口(人多、车多,但树大荫浓)4 310 个,花港公园 2 069。

2. 景观

随着生活水平的提高和旅游业的开展，对景观的研究日益迫切，旨在改善人体对环境色、香的心理感受和生理反应。

（1）基本要求。①内容。景观涉及范围很广，除环境外还包括居室色调及安排，个体仪态甚至宴席的佳美，也与某些行业如广告、时装设计和商品摆饰等的特点有关，本节虽着眼于室外环境，但其原则也适合其他方面。②美学特征。与其他艺术的想像不同，景观美是在模仿自然的基础上产生的，是指环境中给人感官以肯定感觉的因素如整洁、安宁、清香、和谐等，也就是在摆设、颜色、香感、音调诸方面提出美学要求，而以方便、实用为基调。

（2）美的感受：①香感。环境中的赋香物通常是花卉或各种植物，现代科学研究证明，花草不仅是净化空气的"天然工厂"，还是人们的大自然"保健医生"。已知丁香、檀香可杀灭结核杆菌、咽炎球菌，薄荷、柠檬的清香可防鼻窦炎和呼吸道感染并使人感到凉爽、安适，天竺花、薰衣草的花香及迷迭香可使心跳过速、气喘患者镇静、消除疲劳和安眠、舒适。②音调。物理学和心理学把节奏有调、和谐悦耳的声音称为乐声，而把杂乱、令人心烦的声音称为噪声；试验表明，在 40～50 分贝的噪声刺激下，睡眠者的脑电波出现觉醒反应，约有 10% 的人受到影响。在 70 分贝时约有 50% 被惊醒，突然的响声则影响更大，60 分贝一声响就可惊醒 70% 的人；当噪声级为 65 分贝以上时，人们交谈就不能正常进行，因为大声喊话也不过 70～80 分贝。③摆设，指室外建筑、室内陈设、个人服饰的得体，通常应按对称性、黄金分割点进行安排。例如服装选择得当，不但能增加人体的健美，还可以掩饰或弥补穿着者在体型、身材与肤色上的某些不足；反之选择不当，可能使原有的缺陷显得更突出。如体型矮胖的女子选择夏装时应注意上衣腰部应小（产生"瘦"的视觉），裤腿应长，料子宜挺。④颜色。要防止互补色，尽可能加大对比度；因为成互补色的两种光混合时得灰白色，给人不明快的感觉，所以应忌紫与绿、蓝与黄、绿与橙搭配，通常在白色背景上可配各种色。黑色背景则不宜配别的色，颜色还与视觉心理有关，如红色使人感到近（称为前进色）、暖和，绿色则有远（称为后退色）及冷感，所以它们用于交通信号。

知识点

脑 电 波

生物电现象是生命活动的基本特征之一，各种生物均有电活动的表现，大到鲸，小到细菌，都有或强或弱的生物电。人身上都有磁场，但人思考的时候，磁场会发生改变，形成一种生物电流通过磁场而形成的东西，我们就把它定位为"脑电波"。

延伸阅读

庭院美化的方法

崖藤，攀附在墙体上，作为庭院绿色的围墙；黄杨，修剪成一定的形状衬托花园；云锣海棠，花坛边上的植物，像一朵盛开的大花；鸭趾草，紫色的植物用来装点花坛；大花马齿苋，一大片不同颜色的草花是最惹人注目与喜爱的；凤仙，靓丽的颜色是花园的点睛之笔；香雪球，白色的香雪球是花坛中不可缺少的色彩；玫瑰，是花园中的主体花，一大片的玫瑰足以凸现烂漫的氛围；矮牵牛，在花坛或庭院中被广泛应用，它容易生长且花色多样；睡莲，用一个大瓦缸就可以营造出一个让人怜爱的水景，睡莲在墙角静悄悄地开；花叶柳，这种柳树在小的时候有着特别的花色，长大后变了另一个模样；豆角，用豆角或是瓜的藤来作为攀附植物也是一个不错的选择，而且还有收获的喜悦。

生活用品中的化学

　　日化品就是日用化学产品，是人们每天都要用的东西，既包括日用品，也指化妆品，是消费人群每天必不可少的商品。近50年来，工业改革的最大成果之一就是大量的民生用品从取之于自然转为化学合成品，化学合成品的登堂入室，自然对人们的生活产生了直接影响。一般大众对化学的认识势也相应地增加了，退一步说则不致于被五光十色、虚华矫情的广告所迷惑，进一步说也提高了自己的文化素养。你知道家里那些日用品中含有的化学成分吗？我们口语上的化学成分比较着重"人工制造"的意思，你担心所含的化学成分会对身体有害，或者可能有毒吗？多学一点儿化学，就少一点儿盲目的道听途说，也就多学会一些正确使用化学产品的方法。

皮革塑料的化学特征

　　皮革、塑料制品及橡胶也是一类重要的穿戴品，当然它们还有更广泛的应用。

1. 皮革

皮革包括动物革和人造革，后者属于塑料，此处只介绍动物皮革。

（1）生皮，皮革的质地首先取决于生皮。常见的动物皮有牛皮、羊皮和猪皮，也有其他珍奇动物（如鹿、虎、狐）的皮，细腻程度及毛色不同，化学结构大体相近。为了保护野生动物，我国政府已明令禁止捕杀受保护的动物。实用的生皮包括：①表皮，是皮肤最外层的组织，主要由角朊细胞组成，根据角朊细胞的形态，表皮还可细分成若干层，它决定皮的粗糙程度。②真皮，是含有胶质的纤维组织，决定了皮的强韧程度和弹性。化学上它们均为蛋白质。根据加工要求，生皮还有去毛和附毛两种。皮和毛中的蛋白质主要为角蛋白，不溶于水、酸、碱及一般有机溶剂，有一定的硬度和耐磨性。

（2）制革，把动物身体上剥离的生皮加工成实用的皮料，即制革，此过程称为鞣制，即用鞣酸及重铬酸钾对生皮进行化学处理。①鞣酸，又称丹宁，是某些植物如碱肤禾的树瘤（五倍子）中存在的一类无定形的固体物质，分子结构中含多个羟基，可溶于水，能使蛋白质凝固。当生皮充分润湿并压榨后，它的每条纤维周围均充满蛋白质，经鞣酸处理后，生皮即得规整。②重铬酸钾，在鞣制时加入，经还原 Cr^{6+} 成为 Cr^{3+}，铬离子与氨基酸的活性基团作用使皮的纤维键合，强度大增。鞣制后，本来容易发臭、腐烂的硬生皮，变成干净、柔软的皮革。

2. 人造革和塑料

通常人造革由聚氯乙烯制成，办法是在织物纱线之间用这种合成树脂黏合。原则上任何树脂（包括橡胶）均可制作革。

（1）结构。塑料由树脂及附加成分组成。①树脂，指具有可塑性的高聚物，由单体（低分子量的化合物）成链状或网状连结而得，其分子量可达数万。链状聚合时，单体分子首尾相连，形成卷曲和缠绕的长链，如聚乙烯网状聚合时，链在横向或纵向交联形成立体结构，分子中的各个原子之间连接很紧密，如酚醛树脂。②附加成分，除前述聚合物（合成树脂）外，还有各种添加剂，如填料（加玻璃纤维，可增加强度）、增塑剂（加邻苯二甲酸二辛酯，可使塑料变软，以制成薄膜或塑料布）、润滑剂（高沸点溶剂如高碳酯类），稳定剂（多为还原剂，可使塑料增加对光、热的稳定性），着色剂（各种染料）等。

（2）特征。塑料有许多优异性能：①耐蚀，大多数塑料由烃类化合物组成，抗水和酸、碱的作用；②绝缘性好，由于无自由电子，故不导电；③强度高，尤其立体网状结构的塑料，硬度大且坚韧耐磨不脆；④可塑性，即可通过加热使其变软再冷却成型；⑤弹性，有的链状聚合物有一定的弹性，其卷曲的分子可被拉直伸长，拉力撤后又复原；⑥密度小，如聚丙烯塑料为 $0.9g/cm^3$，而泡沫塑料由于充气，密度更小；⑦成型和着色性能好。

3. 橡胶

橡胶多用于制造胶鞋、雨衣、防酸手套等，工业上制汽车及飞机轮胎。

（1）结构。橡胶是天然产的有机物中极重要的一种，由橡胶树皮割开流出的橡皮汁乳状液加少许甲酸凝固制得，是异戊二烯的聚合物，并有弹性。①链状，实验证明异戊二烯在橡胶分子中是由各个单体的头尾彼此相连的，因为橡胶分子内含有双键，可和臭氧发生加成作用，生成90%的羰基戊醛。②弹性，是橡胶的主要特性，可以抽长9倍，这一特性进一步反映了其特定的结构：X射线研究表明，橡胶在通常情况下并不呈晶形，但当抽长达到一定程度时结晶性质即开始出现。这种抽长结晶现象和结构很有关系，平时皱褶绞连的碳链在抽长时不但被拉直，而且拉开形成有序排列。

（2）硫化。1839年成功地用硫磺把天然橡胶分子交联在一起，使之成为有实用意义的橡皮。①交联网，已证实在100个异戊二烯链和只形成一个交联点，因此硫化后橡胶的分子量增加不多，但物理性能显著改善。如张力及弹性增大，在有机溶剂中的溶解度降低，受热后不变软，说明已形成伸缩自由、具有优异弹性的网状结构。②硫桥，硫化机制不全明了，只知少量硫在初加入时和橡胶形成一种溶液，在140℃加热几小时后，逐渐变成橡皮；如硫加得太多，即变成无

橡胶手套

弹性的硬块，这说明硫起桥的作用，把若干聚异戊二烯链连接起来，形成楼梯式结构。

在生活中，皮革、橡胶、人造革和塑料广泛用于穿戴及生活的其他领域，但又各有特点。

（1）皮革和人造革。二者在应用上有某些共性：①衣，均适合做御寒的外衣，但动物皮革较透气，保暖性更好，然而怕水；人造革的表面不怕受潮。②鞋，二者均耐磨、坚韧，但动物皮革做成的皮鞋（及其他皮制品）受潮后易变形，产生褶皱，甚至断裂，人造革制的不怕水，但比较气闷。

（2）常用的塑料。①聚碳酸酯俗称玻璃钢，强度高、硬、透明，像钢板一样坚韧，3厘米厚的板材可阻挡4米近处射来的38毫米口径步枪子弹（1953，德国），适宜制作防弹玻璃、宇航头盔；②有机硅氯烷，是硅—铜合金与有机氯化物反应产物水解得的分子量约100万的聚合物，主要用做硅油（在高温下稳定，低温时也不易变稠）、硅橡胶（可制密封材料如垫圈、宇航服）等，特点是耐高温；③聚四氟乙烯，耐各种酸、碱及化学试剂的进攻，并能耐300℃的高温，有"塑料之王"的美称，且强度高，用于制不黏锅、坩埚、烧杯及轴承、绝缘材料等；④酚醛树脂俗称电木，是苯酚在稀碱（氨）或酸（草酸）的作用下和甲醛发生缩聚反应，形成立体网状结构的高聚物，坚牢而耐腐蚀，绝缘性好，常用做灯头和插座，它还可和玻璃纤维牢固黏合加工成增强塑料，也称为"玻璃钢"，可部分代替钢材；⑤泡沫塑料，当树脂加入发泡剂（即加热时放出气体的试剂如碳酸铵）成型时，固体塑料（如聚氯乙烯、酚醛或脲醛树脂）中含有很多细气泡（含空气，氮气、二氧化碳等），密度为0.02～0.03，它兼有塑料柔软、防水、绝缘性好及气体保暖、隔音功能强的优点，可制鞋垫、坐垫、床垫，柔软而轻便，也可代替棉花、丝棉和驼毛做棉衣和背心（聚氨酯泡沫塑料），挺括而富有弹性，硬质的聚苯乙烯泡沫塑料多用于制救生圈及包装材料；⑥聚苯乙烯，最早开发并商品化（1929，斯陶丁格，1953年获诺贝尔奖），硬，有热塑性和热固性，制作梳子、牙刷柄、肥皂盒、包装材料等；⑦聚乙烯，1933年开发，软，可成膜，制农用薄膜、雨衣、牛奶袋、导线绝缘材料、口杯；⑧聚氯乙烯，分软、硬两类，前者增塑剂多（可达50%），适合制软材如塑料布、软管等，后者可制硬质品如塑料凉鞋、水桶、盆、棍、板；⑨聚丁二烯，丁二烯在金属钠作用下聚合，或与其他含双键的化合物如苯乙烯共聚而得的聚合物，构成了一类合成橡胶，可制轮胎、软管等；⑩聚甲基丙烯酸甲酯，硬，异常坚固，透明，俗称有机玻璃，可制眼镜、假牙、牙托、灯具、盒等。

（3）橡胶。①防水用具，由于橡胶不透水且轻便，易成型，广泛用来制雨衣、雨靴、水管、热水袋等；②鞋底，由于橡胶柔软、耐磨且富弹性，多用于制造运动鞋和皮鞋的鞋底；③车胎，长期以来大量橡胶用于制造自行车、汽车、拖拉机、飞机等各种交通工具的轮胎，对于提高这些交通工具的速度和运输效率起了很大作用，并且迄今尚无其他材料可替；④小日用品，由于它独特的弹性和柔韧，橡胶常用于制作婴儿的奶嘴、小学生的橡皮擦、皮筋和松紧带。

皮革、人造革和塑料、橡胶在使用时均须注意保护以延长寿命，需注意的主要问题有：①老化，空气的氧化作用，紫外线照射、温度骤变（受热或经冻），会使皮革、塑料中的添加剂分解、挥发、功能降低，使橡胶中的硫键断裂，硫分子和橡胶单体脱开，结果制品变硬、发脆，严重时会龟裂，甚至折断；②腐蚀，橡胶不能接触碱、油，皮革可被酸、碱及有机溶剂侵蚀并且遇水发硬，许多塑料如尼纶亦怕酸、碱；③发霉，皮革和人造革中的蛋白质和纤维易发霉和受虫蛀，近年来报道不少塑料亦可受微生物作用。

修补橡胶和塑料有两种方法：①冷补，即用胶黏剂将破损或断裂的橡胶及塑料面黏合，如轮胎、眼镜架、塑料梳、钢笔杆、塑料薄膜等损坏后均宜用冷补，关键是选择合适的黏接材料和胶黏剂，如自行车内胎破洞，则用同质地的胶片涂上专用胶水（橡胶溶于汽油中配成）或用化学黏合剂黏补即可，其他塑料则用溶剂黏接更佳（有机玻璃用丙酮、二氯乙烷或氯仿，聚氯乙烯则还可用四氢呋喃，聚苯乙烯则宜用苯）。②热补，除酚醛树脂（电木）外，橡胶及日用

电木

塑料大多有热塑性，将其加热会变软甚至熔化，冷却后会复原，车胎、塑料薄膜、牙刷柄、鞋底等均可用铬铁使已洗净并晾干的修补处烫至发黏，赶紧对准缝口，趁热用力将接缝挤压密合，待冷后即黏牢，为防止塑料受热时炭化变黑，烙处应隔以铝箔或玻璃纸。

知识点

电　木

　　电木的化学名称叫酚醛塑料，是塑料中第一个投入工业生产的品种。它具有较高的机械强度、良好的绝缘性，耐热、耐腐蚀，因此常用于制造电器材料，如开关、灯头、耳机、电话机壳、仪表壳等，"电木"由此而得名。它的问世，对工业发展具有重要的意义。

延伸阅读

区分真皮和人造革

　　区分真皮与人造革之间的不同并不难，最简单的办法就是仔细观察。真皮的表面都会有许多清晰的不规则毛孔，而人造革由于是采用机器压花，所以"孔"的位置都会相对有规律；然后可以用鼻子闻一下，凡是动物皮革都有一种天然的气味，而人造革只会有刺鼻的塑料味。不过现在有一些"高明"的商家也在用合成皮来混淆消费者的判断，他们用真皮的下脚料打碎加工后覆上一层特殊的薄膜，闻起来很像真皮的味道。最后，如果条件允许的话可以找一小块皮革样品用火烧一下，真皮燃烧后只会发出一股毛发的气味，但人造革点燃后则会发出化工原料的味道，同时燃烧剩下的物质会结成硬硬的疙瘩。

　　不过，别以为能分清真皮与人造革的区别就够用了，这里面的"水"还深着呢。一般汽车座椅包裹的真皮分为黄牛皮、水牛皮等，而同样的皮又分头层皮、二层皮等。一般来说好牛皮的表面都会比较细腻，抗拉伸的强度也非常高，我们可以用手撕扯试试。而牛皮又有黄牛和水牛之分，黄牛皮表面的毛孔紧密均匀，呈圆形不规则排列，相比之下水牛皮的表面毛孔就要略微粗大些，毛孔的数也会比黄牛皮略少，皮革质地会硬一些，不如黄牛皮紧致丰满有韧性。

此外，皮革也是分层卖的，它可以进行多层分割处理，但只有最外层的头层皮做汽车坐椅最佳，因为头层皮的质感、延展性及拉伸强度都更好，二层皮的品质就要差得多了，所以在选择时一定要问清楚。正规厂家出产的皮革一定都会标有清楚的产地、指标以及联系电话，方便消费者随时查询。

纤维制品与化学

用于制作穿戴品的纤维是指长度比直径大（其比值为 100 以上）很多倍并有一定柔韧性，经加工可制成各种纺织品的纤细物质，按其来源可分为天然纤维、人造纤维与合成纤维 3 类。

1. 天然纤维

天然纤维分动物纤维和植物纤维两类。

（1）动物纤维，主要成分为蛋白质，家用毛巾都是纤维制品，是角蛋白，因为不被消化酵素作用，故无营养价值，均呈空心管状结构，常用的有丝、毛两类。①丝纤维细长，由蚕分泌液汁在空气中固化而。通常 1 个蚕茧即由 1 根丝缠绕，长达 1 000 ~ 1 500 米，强度高，有丝光，宜做夏季衬衫，是高级衣料。②毛纤维粗短，包括各种兽毛，以羊毛为主。构成羊毛的蛋白质有两种：一种含硫较多，称为细胞间质蛋白；另一种含硫较少，叫做纤维质蛋白。后者排

蚕 茧

列成条，前者像楼梯的横档使纤维角蛋白连接，两者构成羊毛纤维的骨架，有很好的耐磨和保暖功能，适宜做外衣和水兵服。

（2）植物纤维，主要成分是纤维素，为 β – 葡萄糖，$C_6H_{12}O_6$（分子中碳 1 上的羟基和碳 2 上的羟基分别在环的两面）的聚合物，包括约 7 000 ~ 10 000 个葡萄糖分子，燃烧时生成二氧化碳及水，无异味，和纤维有关的床上用品主要有棉、麻两类。①棉在显微镜下，看到棉纤维呈细长略扁的椭圆形管状，由于空心，故吸湿性、透气性好，可吸汗又保暖，是做内衣的理想材料。②麻为实心棒状的长纤维，不卷曲，洗后仍挺括，适于做夏布衣裳、蚊帐。

2. 人造纤维

由于许多植物纤维如木材、芦苇、棉短绒、甘蔗渣、棉秆、麦秆等纤维较短，不适合直接用于纺织，需经化学加工以改性，得到人造纤维，主要有人造毛、人造丝和人造棉。

（1）人造毛。①人造羊毛，将优质黏胶纤维长丝切短成羊毛的长度（76 ~ 102 毫米），外表酷似羊毛，但遇水膨胀、变硬，且不耐磨。②氰乙基纤维，是纤维素中的羟基和丙烯腈反应生成，结构式相当于纤维素 – $OCH_2 – CH_2 – CN$，这种纤维非常牢固耐磨（为普通纤维的 4 倍）。

（2）人造丝。①乙酸纤维，将纤维和乙酸酐在硫酸的催化下反应，此时纤维素中的羟基在上述酐作用下，生成乙酸纤维酯（$C_6H_7O_2$（$OCOCH_3$)_3）聚合物。此酯不溶于丙酮，但在它部分水解后，就可溶于丙酮，将此丙酮液压过小孔，通过热空气使溶剂蒸发即得丝状纤维素，本品不能燃烧，为优质人造丝。②普通人造丝，用黏胶纤维中的长丝纺成，特点与棉布同，可做衬衫、窗帘，湿时不结实，洗涤易变形。③铜氨纤维，将氢氧化铜溶于浓氨水即得铜氨溶液，加入木质纤维使溶解制成纺丝液，在酸液中喷丝，专用于人造丝制备，质地比黏胶纤维好。

（3）人造棉，是把含木（质）纤维素（单体为戊糖或木糖，$C_6H_{10}O_5$）的木材，除去木质素后和二硫化碳及氢氧化钠作用，生成纤维素黄原酸盐，经进一步处理而得。主要有：①黏胶纤维，将上述黄原酸酯除去杂质后溶于稀碱中，成为黏稠状液体，很像胶水，故名。将此黏胶液喷丝入硫酸及硫酸钠溶液中，纤维素黄原酸酯分解，重新变成纤维素，可成均匀细丝，结构上与棉纤维相同，但为实心棒状，较脆，强度差。由于经多次化学处理，纤维素分子排列较棉纤维松散而零乱，分子之间空隙较大，水分子易钻入，故缩水率大（10％）。纤维经膨胀后（直径可加粗1倍），制品发胀，变厚且硬，不易洗且强度下降，主要性能与棉相近，可做内衣等。②富强纤维，将黏胶纤维用合成树脂处理，在整理技术上改进。这些合成树脂（也可用其他化学试剂）如同钩子，在黏胶纤维的分子间挂接，使其排列整齐，干、湿强度均大增，洗涤性能好，不缩水，因而得"富强纤维"的雅号。

3. 合成纤维

合成纤维指由非纤维类的化工原料合成的纺织品（通常呈丝状，如为片状或块状者则为树脂，合成树脂添加各种助剂后的制成品称为塑料），为重要的高分子聚合物，有优异的化学性能和机械强度，在生活中应用极广。

（1）常见的合成纤维。目前主要有五大纶：即涤纶、丙纶、维纶、腈纶、锦纶，其特点为：①涤纶，又称特丽纶，的确良，为聚对苯二甲酸乙二酯，耐蚀、挺括不皱、免烫快干、结实耐用，产量最大，吸湿及透气性不好，适宜做外衣及工作服。②丙纶，即聚丙烯，是密度最小（0.91g/cm^3）的合成纤维的新秀，坚牢、耐蚀，适合做飞机用物、宇航服、蚊帐及降落伞等军用品。③维纶，即维尼纶，俗称"人造棉"，为聚乙烯醇，耐磨，吸湿，透气性均佳，适宜做内衣和床单。④腈纶，即奥纶，俗称"人造羊毛"，为聚丙烯腈，蓬松耐晒（软化点较高为160℃），宜做毛绒、毛毯和加工成膨体纱（将腈纶或尼纶经膨化加工使其含气率高而得），保暖性好。⑤锦纶，即尼纶、卡纶，为聚酰胺类（类似蛋白质），耐磨性比棉花高10倍，比羊毛高20倍，不耐蚀，易起毛，着色性好，鲜艳夺目，适宜制袜、裙。其他还有氯纶，即聚氯乙烯，耐磨、保暖、多静电，适宜做棉毛衫、裤，可治关节炎。氯纶的这种生理特性还与其吸湿性低有关，水分吸附后很容易蒸发，因而该织物使病区保持干燥温暖。

（2）混纺制品。在合成纤维的基础上为改善纺织品的功能，将多种纤维混合，即得各种混纺制品。①命名。丝的粗细计量单位叫旦（旦尼尔，缩写为D），定义为9000米长的纤维的克数，重1克的为1D，我国生产的

人造丝为70D和120D。人造短纤维（长在5～33毫米）称"纤"，合成短纤维称"纶"，长纤维（76毫米以上），不论人造或合成的均称为"丝"，纺织成布前所用原料名称，如两种以上按比例混纺，则比例大者放在前面，如25%锦纶－75%黏丝混纺华达呢称黏/锦华达呢，50%黏胶－40%羊毛－10%锦纶混纺凡立丁称黏/毛/锦花呢或三合一等。②重要品种。线绨，由人造丝和棉纱交织成，多用做被面；快巴的确良，涤纶50%～65%和黏胶35%～50%，可做内衣；涤绢绸，涤纶与蚕丝混纺，轻盈细洁，做夏衣；包芯纤，用涤纶长丝纤维做轴芯，外面均匀包卷上一层棉纤维，使透气性、吸湿性、耐磨性俱佳；毛线，除纯羊毛（保暖好）、氯纶（便宜，易起静电）、腈纶（蓬松）毛线外，还有腈—毛、锦—毛及毛—黏混纺毛线，除保持毛的优良保暖性外，还增加了耐磨性和强度。

知识点

蚕 茧

通常指桑蚕茧，桑蚕蛹期的囊形保护层，内含蛹体。保护层包括茧衣、茧层和蛹衬等部分。茧层可以缫丝，茧衣及缫制后的废丝可做丝棉和绢纺原料。

延伸阅读

纤维的分辨方法

分辨天然纤维和人造纤维的方法有：观察光泽，色泽；触摸；掂重量；观察火烧灰。一般天然纤维都是自然生长，即使是同一种植物纤维也会有一些区别，不会完全相同；而化纤是人工合成的，结构统一。

1. 观察光泽，色泽。天然纤维的光泽自然、柔和，不容易上色，往往颜色不够鲜艳，纯度比较低，洗涤时容易掉色，会适当缩水；化纤的光泽刺眼，固色性能好，不容易掉色，纯度和明度比较高。

2. 触摸。棉、毛、丝、麻等天然织物，触摸时柔软而有弹性；化纤手感则僵硬，即使经过处理也是很不自然的感觉。

3. 掂重量。麻和毛放在手里感觉压手，没有轻飘飘的感觉；化纤就不同了。

4. 观察火烧灰。可以将面料线头烧成灰，观察其灰的状态。如果手捻后，成为粉末，就是天然纤维。棉的味道有点像烧纸的味道，毛的味道有种烧头发的臭味；如果灰中有疙瘩就含有化纤成分，如果烧后无法捻成粉末，就是纯化纤。

以上几点可以用来分辨是天然纤维还是化纤。

纺织品里的化学

1. 纤维和织品的鉴别

纤维和织品的鉴别方法主要有溶解法、化学法和感官法。

（1）溶解法，是基于形成纤维的单体的化学结构，有的机制尚不清楚。①棉，易溶于浓硫酸（脱水及酯化作用），铜氨溶液（羟基及醛基的络合及还原作用）。②麻，铜氨。③丝，酸、碱（氨基酸的两性），铜氨。④羊毛、氢氧化钠（脂层破坏后进攻蛋白质）。⑤黏胶纤维，同棉。⑥涤纶，苯酚（缩合）。⑦锦纶，苯酚及各种酸（酰胺的碱性）。⑧腈纶，硫氰化钾溶液，二甲基甲酰胺。⑨维纶，酸。⑩丙纶，氯苯；氯纶，二甲基甲酰胺、四氢呋喃及氯苯等。

（2）化学法，是观察燃烧方式和烟、焰、灰、味。①棉燃烧快，黄色火焰及蓝烟，灰少，灰末细软呈浅灰色（主要成分为二氧化硅），味似纸。②麻，有烧草味，其余与棉同。③丝，燃烧慢且缩成一团，灰呈黑褐色小球，易压碎，有臭味（硫）。④羊毛，燃烧时徐徐冒黑烟，显黄焰，起泡，灰多，为发光的黑色脆块（碳化物），烧时发臭。⑤黏胶纤维，燃烧快，与棉同。⑥乙酸纤维，燃烧慢，边烧边熔，灰为黑色闪光块状物，有刺鼻的醋酸味。⑦涤纶，燃烧慢，卷缩，熔化，有黄焰，灰呈黑色硬块，易捻碎，有芳香味。⑧锦纶，燃烧慢，熔化，无烟，浅褐色灰块，

不易捻碎，有芹菜香味。⑨维纶，烧时纤维迅速收缩，火焰小呈红色，灰为灰褐色块，可捻碎，有特臭。⑩腈纶，边烧边熔化，略有黑烟，火焰白而亮，灰为黑色球状，有鱼腥臭。⑪丙纶，烧时边卷缩边熔，灰为硬块能捻碎，有烧蜡气味。⑫氯纶，难燃，近焰时收缩，离火即熄灭，灰为不规则的黑块，有氯的刺激味。

（3）感官鉴别法。①纤维长短，可抽出丝观看，并在润湿后试验，黏胶湿处易拉断，蚕丝干处断，锦丝或涤丝干、湿处都不断，短丝则为羊毛或棉花，粗的为毛，细的为棉。如较长且均匀，则为合成短纤维。②挺括，用手攥紧再迅速松开，毛纤混纺品一般无皱褶且毛感强，涤棉皱褶少、复原快，富棉和黏棉褶皱多，恢复慢，维棉则不易复原且留有折痕。③光泽，涤棉光亮，富纤色艳，维棉暗，丝织品有丝光。

2. 纤维品的特性

（1）基本要求。纤维很多，但要用于纺织还必须有良好的服用性能和机械强度，而这些均由其化学结构决定。①柔弹性，即织物没有粗硬感。纤维分子呈链状，可缠绕因而柔顺，如聚酯及蛋白质纤维（涤纶、羊毛）分子排列较整齐，规整性好，抗变形能力强，回弹性优异，挺括。②耐磨性，取决于化学链的强度，也与柔弹性有关，酰胺基组成的纤维大分子主链共价键结合力大，链间距离小，从而使锦纶成为耐磨和强度的冠军。③精致，即纤维要足够细，就人造纤维和合成纤维而言与喷丝孔径有关，通常孔径为0.04毫米，长度与直径比为1 000。

（2）其他性能。①洗涤，要注意洗涤条件亦取决于纤维的化学特征。黏胶纤维、腈纶、丝、羊毛（及其与化纤混纺品）不耐碱，宜用中性洗涤剂，温度应在40℃以下。由于湿态时强度低，切忌搓揉拧绞，应自然沥干。涤、锦、维、丙四大纶，洗水不应超过50℃，可用碱性洗衣粉，耐光性差，洗后宜阴干。氯纶，可用碱洗涤剂，切忌热揉，棉织品可用热水（70℃），麻织品宜中温（50℃~60℃）。②染色。丝毛纤维是蛋白质分子，有氨基和羧基，容易和酸性或碱性染料作用，故可直接着色；棉麻和人造纤维是中性的聚葡萄糖分子或纤维素单体，需用媒染法，即用媒染剂，如明矾水解成氢氧化铝，挂上染料后再吸附在纤维上，有的也可直接上色；合成纤维情况不同，取决于化学结沟，锦纶染色性好，涤、丙、氯纶则差，通常是喷丝前将染料与原料混合，喷出色丝后再纺织。③保暖性，取决于纤维的导热系数 [$\times 10^{-4}$ 卡/（厘米·秒·℃）]：羊毛 3.6，丝 3.8，锦纶 4.2，棉 5.3，人造丝 5.8（空气 0.6）。对于衣料，如果知道它的含气率或密度，就可算出其导热系数。为使服装保温良好，应尽可能保持空气在服装内部不发生流动。④缩水性，是服装合身的重要因素，各类纤维的缩水率：丝绸、黏胶 10%（亲水性强）；棉、麻、维纶 3%～5%；锦纶 2%～4%；涤纶、丙纶 0.5%～1%（疏水性强）；混纺品 1%（经树脂整理）。缩水原因除组成纤维单体的化学结构影响外，还由于纺织和染整过程中受的机械作用使纱线被拉长，因而有潜在收缩性，下水就会显示。织品下水后横向膨胀，纵向则缩短，使用时缩水率大的要下水预缩。⑤熨烫，高温下化纤制品会熔融和收缩，熨烫温度一般应比软化温度低 80℃～100℃，各类纤维的软化温度（℃）为：黏胶 260～300，涤纶 240，维纶 220，腈纶 190～230，锦纶 180，丙纶 140～150，氯纶 60～90。混纺制品，以最低烫温的物料为准，天然纤维均不耐高温，150℃以上就开始分解，变成焦黄色。除氯纶不宜烫外，其他通常用水汽烫较合适，温度太低也起不到应有作用。

3. 纺织品的保护和加工

（1）保护要根据纺织品的化学特征，主要办法有：①防虫，常用樟脑丸防止衣服被虫蛀，天然樟脑盛产于我国台湾及江西，由樟木经水蒸气蒸馏得的樟油精制得，为白色透明晶体，易升华，久置或 100℃加热可挥发尽，很香，蠹虫不耐受，因樟脑气进入其细胞而杀灭它，用樟木箱装衣物不受蛀，理亦同。1915 年发明了合成樟脑，商品名"樟脑精"或"精制樟脑"，是以松节油为原料经异构化，皂化，脱氢而成，有驱虫作用，萘与二氯化苯熔制成的"卫生球"驱虫能力更强，一度应用甚广。但由于常杂有苯酚、甲酚，可使衣物沾上斑点，故用时宜用小布袋装好，又萘蒸气进入手表后可与机油起作用，使其凝固失去润滑作用，也可与化纤及塑料中的某些添加剂反应使之老化，故 1989 年轻工部已明文禁止生产"卫生球"，现市售者为其代用品。②去霉法，如衣物已生霉则应去掉，办法主要有日晒（紫外线照射）或烤干后刷去，喷酒或沾酒刷净，喷醋擦净，然后再用高效、低毒的山梨酸、尿囊素防霉。③防霉，霉菌除生

长于食物外，还可分布到衣物上，产生霉斑，分解纤维素，使织物的强度显著降低，工业上常用的防霉剂是汞的有机化合物，如醋酸苯汞、甲基丙烯酸苯汞等，用0.1%即够，因汞盐与微生物体内蛋白质生成汞盐沉淀而杀死霉菌。

（2）加工除了前述的缩水、熨烫等基本性能必须注意外，缝纫亦是加工的重要环节，主要考虑：①缝线，尽管目前在缝胶上有许多改进，但日常生活中仍多用线缝，要求其理化性能与衣料品种相同，亦可用涤纶或锦纶线（耐磨、缩水少），高级丝光棉线或丝线亦佳；②衬布，其缩水率应和本底布相近，否则下水后起皱；③图案，无论染色或布贴均应适应本底布结构。

（3）其他加工和保护问题，涉及一些特殊衣料，主要有：①丝绸，不易剪裁，由于本品薄、软、滑，故缝制困难。克服办法是湿硬法，即喷水使其硬化。因各类丝绸均易吸水，裁剪时将布料摊平，用喷壶均匀喷水使成半潮湿状态且变硬，但应注意这类物料湿时伸长干后收缩，尺寸不易掌握；苯甲酸法，喷洒苯甲酸的酒精溶液后，再使酒精蒸发，苯甲酸在衣料中凝固而硬化，裁剪后苯甲酸可升华除去，绸料恢复柔滑。②毛料，收藏前注意阴干、晾凉，不可使热、潮的毛料入箱，否则纤维分解、变脆。毛衣编好后，初穿时易起小球，是羊毛纤维外露经摩擦卷曲造成，千万不可拉掉，毛织物缩水后无法恢复，称为毡缩，是由于羊毛纤维的鳞片间相对运动时正、逆向摩擦系数不同所致，故加工前须经防缩处理（使用防缩剂），成衣最好干洗、勤晒、拍打去尘和防污。

知识点

摩擦系数

摩擦系数是指两表面间的摩擦力和作用在其一表面上的垂直力之比值。它和表面的粗糙度有关，而和接触面积的大小无关。依运动的性质，它可分为动摩擦系数和静摩擦系数。

延伸阅读

织布的古法

中国最原始的纺织工具是纺砖。它是由石片或陶片所做成的扁圆形的纺轮，中间有一短杆，利用物体回转的惯性，从事卷绕捻合纱线的工作。从出土的纺织品中，可以推断出春秋时期就已有纺车。秦汉时，手摇单锭纺车已广为使用。

宋代对纺车又进行了突破性的改良，出现了麻纺大纺车与水运大纺车，但工作效率仍然极低。元代元桢年间，流落涯州的黄道婆回到故乡后，将她跟黎族人学到的纺织技术，创造性地改良故乡旧有的纺织机械，这就是贞丰人一直在用的纺织机械和技术。创造三锭脚踏纺车，可同时纺3根纱。三纺车在当时是非常了不起的发明，在机器纺车出现以前，即便是要找到一个可以同时纺两根纱的人都非常不容易。三纺车不但提高了工作效率，更让产量增加，而且这远比欧洲的"珍妮机"还要早上1 500年。

黄道婆成了一名"中国古代伟大的女纺织家"。她发明的以"踏车椎弓"织出的黎锦、筒裙的图案艳丽素雅，有鸡花纹、马尾纹、青蛙纹等200多种，被誉为"机杼精工，百卉千华"。

土织布，又名老粗布、手织布，是世代沿用的一种纯棉手工纺织品，具有浓郁的乡土气息和鲜明的地域特色，在中国纺织史上占有举足轻重的地位。

在贞丰，有为出嫁的女儿陪嫁手织布床单的传统。每逢哪家有女儿出嫁，娘家就会备上花色不同的手织布的床单作为嫁妆，既体现了娘家人对女儿的关爱，也是母亲勤劳能干的象征。但随着生活水平的提高，一度退出人们视野的手织布又悄然兴起，再度受到人们的青睐。纯棉土织布的织造工艺较为复杂，从采棉纺线到上机织布基本采用手工操作。其主要工序有轧花、弹花、纺线、打染、浆线、经线、作棕、吊机、织布等大小工序27道。贞丰的土布漂白，有独道之处，将织好的白布平铺在草地上过一夜，夜露就会自然漂白布。这是贞丰人的一大发明，白布通过多次吸夜露后，白布就变得洁白无比了。

贞丰土布产品以柳条、彩条、方格、提花 4 大系列为基础，农家妇女能靠 22 种基本色线织出几十种绚丽多彩的图案，堪称千变万化、巧夺天工，每道工序里还有很多子工序，可以想像出一件产品包含着多少繁复的劳动，让人叹为观止。如今，土织布已经广泛用于床上用品、服装、窗帘、壁挂、台布、坐垫等。产品自上市以来，以其精湛的手织工艺、健康的天然品质、浓郁的乡土气息、鲜明的民族图案，备受人们的青睐。在纺织技术飞速发展的今天，手织布工艺流传至今，堪称奇迹。

手工粗布纯棉含量 100%，是一种纯天然绿色环保产品，产品舒适、对皮肤无任何刺激、抗静电、不起球、透气性强，还具有独特的自然按摩功效，能增加人体的微循环，调节神经、改善睡眠质量。在物质生活水平日渐提高的今天，一味追逐高档、追逐潮流的观念正在逐步被"崇尚绿色、回归自然"所代替，老粗布产品又以其自身的特色赢得了消费者的宠爱。

老粗布是一种传承久远的纯棉手工生态纺织珍品，具有鲜明的文化特色，有机织布不可比拟的诸多优越性。

化妆品与化学

一、常用的化妆品

按应用可将化妆品分为洁肤护肤、洁发护发、美容医疗、洁齿护齿4 类。

1. 洁肤护肤类

洁肤护肤类主要包括膏霜和液剂两大类。

（1）膏霜类。由油、脂、蜡和水、乳化剂组成的乳化体，有油包水和水包油两型（前者油多后者水多），适合不同性质皮肤的需要。①雪花膏，为高级脂肪酸铵，加甘油做保湿剂，含水量较多，属水包油型，适合油性皮肤，宜秋冬季用；②香霜，主要成分为矿物油（50%）、蜂蜡加吐温40等，属油包水型，适合干性皮肤；③清洁霜，主要成分为白油（去油污）、鲸蜡加表面活性剂（去水溶性污秽）、羊毛脂（润肤），特点是 37℃ 时液化，黏度适中，借助按摩可在表皮留下一层滋润性膜，对干性皮肤护肤效果尤佳，多用于演员卸装，可除去香粉、胭脂、唇膏、眼影膏残留物，用软纸完全擦去后肤感舒畅；④防晒膏，主要成分有植物油、水杨酸薄荷酯、对氨基苯甲酸乙酯、氧化锌等，其特点是可屏蔽紫外线，又不妨碍皮肤晒黑；⑤柠檬霜，以上述膏霜的主要成分为基础，加入柠檬酸使 pH 值为 4 左右，与雪花膏或清洁霜相比其优点是酸度与皮肤更适应，有利于中和皮肤在洗涤后留下的碱性物，减少刺激并增强杀菌作用。

（2）液剂。以酒精或水及甘油为基体加入无机盐（如硫酸铝、氯化铝作为收敛剂）、有机酸（乳酸、苯甲酸作为防腐剂）及香料和祛臭剂组成。①驱蚊液，氨水或酚的酒精或香水溶液，主要用于防蚊咬、消蚊痒，杀菌作用较强；②防晒液，高级脂肪酸或高级醇的酒精及水溶液外加对氨基苯甲酸等能吸收紫外线的制剂，功能同前述防晒膏；③浴液，主要成分为阳离子表面活性剂（15%～35%）外加发泡剂、稳泡剂、增稠剂、整合剂及着色剂等，有液态及胶剂不同类型，还可加入不同药物，如杀菌剂、中草药提取液以获得不同效果，例如含硫磺的浴液有消炎、去癣、止痒功能；④奶液，主要成分为低黏度白油、乙酰羊毛酯及乳化剂，再加少许高级醇、硬脂酸和甘油等，流动性好，适于干性皮肤的奶液润肤剂，如油脂、蜂蜡较多，适于油性皮肤的则多含果汁、维生素或收敛剂；⑤香水，即香精的酒精溶液，用于去臭和赋香，也是一种消毒剂，质地取决于所用香精，分花香型（如玫瑰香、茉莉香等，市售"芳芳"香水为兰花香型）和幻香型（根据调香师的想像力配料，有清香型、水果香型、市售"美加净"香水即属之）；⑥花露水，以香水为原料加少量螯合剂、抗氧化剂及色素，仿植物香型，如市售"菲菲"花露水为青草香型，著名的科隆香水（德国）属柑橘香；⑦化妆水又称爽肤水，为稀有机酸水溶液（pH 值 3～4）加无机盐如铝盐或苯酚磺酸锌配成，使皮肤蛋白质轻微收敛且杀菌，有爽感，适于油性皮肤；⑧去垢化妆水，将普通化妆品加 0.5% 羊毛脂，容易除去肤表油垢。

2. 洁发护发类

洁发护发类主要有香波、护发品、修发剂及其他毛发处理剂。

（1）香波是洗发用的化妆品的专称。肥皂、洗衣粉可除去油污，但不

宜洗发，而香波不但可洗去发垢和头屑，还可使之柔顺，便于梳理。主要有：①乳状液香波，主要成分为表面活性剂（如脂肪酸盐、脂肪醇硫酸盐、聚氧乙烯脂肪醇醚硫酸盐，用于去污并起泡）、稳泡剂（脂肪酸醇酰胺）、甘油或丙二醇的蛋白质衍生物（有时加入食盐，调节黏度，改善质感）以及羊毛脂（包括动物油，使头发柔滑易梳理）；②去头屑香波，在一般香波中添加硫化物及杀菌剂；③透明香波，主成分中的表面活性剂由脂肪酸和三乙醇胺中和而成，应有适宜的黏度；④婴儿香波又称婴儿浴液，用两性咪唑啉表面活性剂和香料组成的高档无刺激性洗发液；⑤营养香波，在乳状液香波基体中加入人参或其他中草药如大蒜提取液、维生素和卵磷酯等。

（2）护发品，正常头发表面有一层油脂膜，可防止水分蒸发损失，正常头皮的油性也超过其他部位的皮肤，如果这些油太少，易生头屑，使发干枯且脆甚至断裂。用香波洗发也有一定脱脂作用（宜一周一次，过频脱脂严重），故洗发后宜敷用护发品，其基质均为油类，主要有：①发油，主要成分为植物油（如蓖麻油、杏仁油、山茶油），也有用白油与蓖麻油或羊毛脂衍生而得的制品；②护发素亦称漂洗剂，通常洗发后用适量抹发，可中和肥皂等洗发后残留的碱性物（用柠檬酸或酒石酸护发素），新型护发素主要成分为阳离子表面活性剂及羊毛脂、甘油的混合物，可吸附于头发及头皮表面，形成单分子膜，抑制静电发生，容易梳理；③乙醇发水，主要成分为乙醇、甘油、脂肪醇合成酯，使头发柔软，因为乙醇挥发后，在发干上形成均匀的油膜，并部分渗入头皮，有良好的保护作用；④发蜡，主要成分为白凡士林；⑤发乳，由蜂蜡、羊毛脂、豆蔻酸异丙酯和水组成，可使发型固定，可配入适当药物成药乳；⑥爽发膏，主要成分为聚氧乙烯羊毛醇醚加入高级醇制成，适于油性头发；⑦乙醇－白油双色发水用乙醇和白油制成的两种不互溶的液体，加入醇溶性或油溶性染料后分为上、下两层色，克服了发油和发蜡的油腻感，可补充头发及头皮油脂的不足，可防止脂溶性脱发。

（3）修发剂，包括生发剂、烫发剂、染发剂和固发剂等。①染发剂，主要有暂时性（用带正电的大分子染料如三苯甲烷类、醌亚胺类或钴、铬的有色络合物，使之在发上沉积但不渗入发干内部，经一次洗涤即可除去，常用于演员化妆）、半永久性（用对毛发角质亲和性大的低分子染料如硝基苯二胺，硝基氨基苯酚等，可透入毛发皮质直接着成不同鲜艳色泽，可耐5~6次洗涤，保持3~4周）和永久性（氧化型如对苯二胺与3%双氧水临用前按1:1混匀；空气氧化型如焦性没食子酸；金属盐型如乙酸铅与硫化物反应生成黑色沉淀；它们的分子小均可渗入已膨胀的角质蛋白，并进行缩合及聚合反应）等三种。②烫发剂，分两类，热烫是以碳酸钠或氢氧化钠为软化及膨胀剂，亚硫酸钠为卷曲剂在100℃（电热）下使发卷成波纹；冷烫则是用硫基乙酸的稀氨水溶液切断头发角朊分子间的二硫键，使头发卷曲，再以氧化剂（如溴酸钾、过硼酸钠、双氧水等）使打开的键再接上，除去残留的还原剂，让已变形的头发由柔软而恢复原来的刚韧，从而固定成一定发型。③生发剂，用于医治秃发者，主要成分为：刺激剂（金鸡纳酊、盐酸奎宁、斑蝥酊、辣椒酊及生姜、侧柏叶、大蒜提取汁），对毛根有刺激作用，改善血液循环，使头发再生；杀菌剂（樟脑、水杨酸、百里香酚、间苯二酚等），对治疗因溢脂性皮炎造成的脱发有效，亦兼有刺激作用；营养剂（人参汁，胎盘组织提取液及蜂王浆、维生素等），可加强发根营养，使发干强壮，不易脱落。④固发剂，组成与指甲油相似，由硝化纤维、酯及丙酮混合而成，用时喷雾，溶剂挥发后在头发上留下一层膜使发型固定。

（4）其他处理剂主要有：①剃须膏，旨在使胡须泡涨、软化，容易剃刮，同时要防止皮肤皲裂，主要有两种：泡沫剃须膏，主要成分为40%~50%硬脂酸钾皂（使发涨，软），还加入羊毛脂、十六醇（润滑剂），甘油、山梨醇（防干剂），香精及薄荷脑（杀菌、清凉、收敛）等；无泡剃须膏，基体与雪花膏相同，加较多的滋润物质，如羊毛脂、十六醇、甘油和丙二醇等。②剃须液，由于电动剃须刀普及，为提高其效率而配用，主要成分为乙醇、油脂，并加入磺化苯酚或单宁酸收敛剂，可使皮肤收缩，促进乙醇的脱水功能，使胡须僵硬化，便于剃刮。③脱色剂，通常用浓双氧水即可脱去发色，因它可使黑色素分解，在发根部的酪氨酸酶可催化此反应。④脱毛剂，主要用于医疗或动物屠宰，是从毛囊中拔除须髭汗毛比剃去好。通常有两类：物理脱毛剂如松香等树脂，将需要脱除的毛发粘住，从皮肤上脱下；化学脱毛剂如碱金属及碱土金属的硫化物，将毛发中的胱氨酸还原，结构遭到彻底破坏，由于碱性较强，5~8分钟即显效。

3. 美容医疗类

美容医疗类的特点是外加成分较多，多属高级化妆品，品种甚多，有粉剂、膏霜、液剂等。

（1）粉剂。粉状物通常可黏附在皮肤上，有一定掩盖能力并使皮肤平滑。主要有：①痱子粉，以番粉主成分为基础加收敛剂，如硫酸铝、明矾（吸汗、退肿），杀菌剂如水杨酸、香精。②擦面粉，又称香粉，主成分为滑石粉或高岭土（有滑爽并光泽感），锌氧粉和钛白粉（遮盖），硬脂酸锌（黏合剂）等，外加接近肤色的颜料，杀菌剂及香料即得。③粉底霜，供化妆敷粉前搽用打底，以增强黏附力和遮盖力并防止粉粒钻进皮肤毛孔，主成分为润肤性油料，如白油加钛白粉和锌氧粉。

（2）膏霜类。基质与前述洁肤护肤类用的膏霜类相同，必要时略加调整，主要有：①祛斑霜，主成分与香霜相同（油、蜡及表面活性剂），加对苯二酚（抑制黑色素的形成和富集）或维生素C（减少酪氨酸酶对酪氨酸的氧化作用）。②美容霜类，在香霜或祛斑霜基质中加入各种营养药物或中草药提取汁而得，主要有：防老霜，又称润肤霜，营养物为雌激素，促进皮肤新陈代谢，减轻皱纹干萎；多维霜，加果汁如柠檬汁、黄瓜汁及蜂王浆等；"奥琪抗皱美容霜"，加牛奶提取物，也可用米糠油、鱼肝油、小麦胚芽油等；蛋白霜，加入多种基氨酸特别是牛猪、羊骨质及皮的水解蛋白质，可补充皮脂质和水分，使之保持柔韧，加入羊胎盘提取液及蚯蚓提取物，还含有大量维生素及微量元素，除有保温、润肤、细胞激活作用外，还有防晒、清除面部色素的功能；珍珠霜，加入珍珠水解液或珍珠粉，因其所含的氨基酸与皮肤成分相近，易吸收，营养素还有维生素、微量元素和游离脂肪酸等，自古"珍珠涂面令人好颜色"（《本草纲目》），为美肤珍品，在珍珠霜活性成分中加入人参露或人参酊剂，鹿茸、

胭脂、口红

银耳、当归、三七，分别制成相应的珍珠霜名品，对加速血液循环，全面提高肤质很有效，多用于井下、野外、高温作业人员及外科伤员；③硅酮霜，以硅油为基质，加入高级脂肪酸、非离子型表面活性剂及维生素等制成，可在皮肤表面形成保护膜，无毒、耐蚀、疏水并有优异透气性，被称为"呼吸性薄膜"，能阻止肥皂水等对皮肤的刺激，和传统的油蜡基质膜相比，硅酮霜对防止皮肤干裂、过敏、粗糙有显著效果。其名品有"斯丽康高级护肤霜"、"郁美净硅酮霜"，对油性、干性、中性各类皮肤适用，夏季防晒、防尘，冬天可抗寒、防裂，为近年新开发的化妆佳品。④胭脂，涂敷于面颊使之红润，主原料同擦面粉，外加各色颜料（大红、朱红、玫瑰红、橘红等）、黏合剂（淀粉）及香精。⑤香粉蜜，将粉料（与胭脂同）悬浮于甘油—水混合物中，用羊毛脂作乳化剂，功效和雪花膏相似，但遮盖和滋润功能更强。⑥眼影膏，基质与清洁霜相近（矿脂、羊毛脂、蜂蜡），另外加甘油与颜料（蓝、绿、棕、灰、紫等）搅和，涂于眼圈外，使眼轮廓更分明。⑦眉笔，将油脂和蜡共熔，加入炭黑或氧化铁搅和成硬芯状，使软硬适中并易黏附于皮肤上。⑧唇膏，俗称口红、唇白，还有变色唇膏和珠光唇膏，均以油、蜡（蓖麻油、羊毛脂、蜂蜡）为基质，加入由曙红染料产生的色淀组成，如不加染料为唇白、加四溴荧光素为口红，如用橙色澳红酸染料则由本品的橙色随嘴唇 pH 值的变化而成鲜红色即变色唇膏，如用带金属光泽的颜料则成珠光唇膏，它们都是着色剂在高分子烃混合物中的溶液，可在唇肤的角质层上形成均匀薄膜，不溶于唾液，故持久牢固而不流失，有助于防止嘴唇干裂。

（3）面膜。由具有在皮肤表面成膜功能的物质制成。①主成分，由成膜物（主要是高聚物如聚乙二醇、羧甲基纤维素、聚乙烯吡咯酮），添加剂包括保湿剂（甘油或丙二醇）、填料（如碳酸钙、氧化铝）、营养物（果汁、维生素 E、中草药提取汁）、香料及防腐剂；它们的作用是使成膜性和剥离性适中，使用时有舒适感。②使用特点，目前面

眼 影

膜分形成皮膜与不成皮膜两种，前者涂敷后在几分钟内即形成面膜，过一段时间取下，每周用 1~2 次为宜；非成膜者用与皮肤结合较弱的高聚物制成，20 分钟后即可用温水洗去。③功能及作用机制，在脸上成膜将皮肤与外界空气隔开，使面部温度、湿度上升，加速血液循环，扩张毛孔和汗腺，抑制水分蒸发，并能促进皮肤对皮膜中营养成分的吸收；随着皮膜的干燥，皮肤绷紧，产生张力，可以消除皱纹；面膜强烈吸附皮脂及污垢，它们连同面膜一起除去后，皮肤将变得光滑细腻、干净柔软、富有弹性；经常使用面膜对轻度色素沉着、暗疮等常见皮肤病有一定疗效。

（4）液剂。主要有：①指甲油清除剂，用于溶解上述纤维膜，由丙酮和乙酸乙酯二者的混合物为基体，加少许苯、橄榄油、羊毛脂、醇、硬脂酸丁酯和二乙二醇－甲醚以改善溶解能力。②指甲软化剂，用于软化指甲硬蛋白（包括甲根、甲壳和甲基）及其周围的皮肤，以利指甲整形，主要用碱如氢氧化钾或磷酸三钠、三乙醇胺（做润湿剂）的甘油水溶液，因碱可使角蛋白软化和膨胀。③抑汗祛臭剂，皮肤的臭味除特定皮肤病外，多源于汗腺分泌残留物中细菌生长排出的胺及油脂水解产物（如丙烯醛），当用一般香水不足以去臭时，需首先抑汗以减少分泌物，主要抑汗剂由氯化铝、苯磺酸锌等收敛剂再加阴离子或非离子型乳化剂及有滋润作用的甘油、丙二醇等组成；祛臭剂通常均为杀菌剂，主要有硼酸和安息香酸、氧化锌及过氧化锌，将抑、祛二者结合以水或酒精为基质即得。④指甲油为清漆或喷漆，用硝化纤维、增塑剂、树脂和溶剂及染料制成溶剂，如丙酮挥发后，留下硝化纤维膜，其中的硬脂酸丁酯使膜有韧性，松脂胶（即松香和甘油、甲醇或乙醇在加压下生成的酯混合物）则使膜牢固地附在甲上以防脱落。

4. 洁齿护齿类

有牙膏和漱口水两类，均针对牙齿结构及齿病的防治提出，以牙膏最常用（分普通牙膏和药物牙膏两种）。其主成分有摩

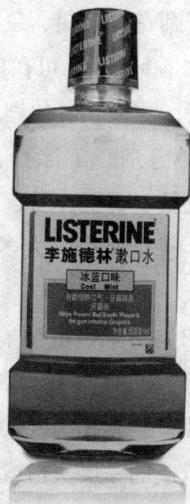

漱口水

擦剂（碳酸钙、磷酸氢钙、氢氧化铝）、发泡剂或清洁剂（表面活性剂如十二醇硫酸钠，过去用肥皂）、稠合剂（羧甲基纤维素钠、海藻酸钠，使牙膏保持黏结状态）、保湿剂（甘油、山梨醇，防止干裂和低温硬化）以及香精和药物，如漱口水或液剂，以水或酒精为基体。

（1）普通牙膏。上述基本成分加某些化学试剂以清垢和固定钙质，主要防龋齿和过敏，常见的有：①氯化锶牙膏，基体加较大量氯化锶，是重要的脱敏物，有使蛋白质凝固减少刺激的功效，锶离子可吸附在牙本质有机层的生物胶原上，同时生成碳酸锶、磷酸锶，增强抗酸能力；②醛牙膏，加入聚甲醛，使与蛋白质中的胺基结合，从而变性凝固，在牙周组织的胶元纤维及造牙本质细胞浆中形成新保护膜以增强抵抗力；③氟化锶牙膏，主成分加锶、钠、锡的氟化物，除有共同的杀菌作用外，氟离子有利于生成氟化钙，保护珐琅质，适用于低氟地区；④酶牙膏，基本成分加聚糖酶、淀粉酶，可加速分解牙垢，消除牙积石，去烟渍，适用于饮水多氟的地区；⑤其他香型牙膏，有果香及花草香类，主成分加叶绿素、桂花汁、兰花汁、薄荷、茴香和多种维生素等，同时加糖精为甜味剂，名品有"留兰香"、"叶绿素"、"维生素"等牌号。

（2）药物牙膏。基本成分加特殊药物，如中草药，以防治疑难齿病或流行病，主要有：①预防感冒类，最常用的药为连翘、金银花、贯仲、紫苏、野菊花、柴胡、鱼腥草、板蓝根等，牌号有"连翘"、"本草"、"雪莲"、"香风茶"，可在口腔内杀死病毒。②固齿营养类，如"美加净"，用丹皮酚、尿素、氯化锶复合配制；"佳音"，含氟磷酸钠、洗必太等；"芳草"，含丁香油、冰片、氯化锶和甲醛。③止痛消炎类，主要用药为丁香油、龙脑、百里香酚、两面针、田七及苯甲醇、氯丁醇、洗必太、新洁尔灭等。④止血类，大多使用止血降压名药芦丁、三七制作，可防治牙龈出血。

（3）液剂。主要有：①漱口水，如硼砂水、食盐水，碳酸氢钠溶液（浓度均为2%～4%），3%双氧水，0.01%高锰酸钾溶液，可用于各种牙周病及口腔黏膜病。②假牙清洁液，假牙上的色斑是糖和大量细菌及代谢产物组成的一层灰白或灰黄的薄膜，一般刷牙不易去除，由聚甲基丙烯酸甲酯树脂制成的假牙比天然牙齿更容易滞留食物残渣，为清除这类色斑，清洁液的主要成分有表面活性物质，柠檬酸、酒石酸、硫酸氢钾和酚的酒

精或水溶液，它们有强烈的杀菌功能，并可预防"假牙齿炎"。

二、化妆机制和化妆品的化学组成

1. 化妆机制

所谓化妆，通常泛指装饰人体的技巧。本书的化妆或化妆品限指清洁人体、改善容颜、保持健美的技术及有关用品，其作用机制涉及头发、皮肤及牙齿的结构、功能等。

（1）毛发。毛发和指（趾）甲是皮肤的附属器官，但它们的结构、功能和性状又有特色。在进化过程中，人类的"毛衣"已退化，剩下的毛发主要集中在头部。平均每人有头发15万根，每根头发的平均寿命是4年多一点儿，每天长 0.5 ~ 1 毫米（指甲每日长 0.1 毫米），平均每日脱落 50 ~ 100 根，每平方厘米皮肤约有 500 个毛囊。

①结构。毛发的主成分是角朊，和皮肤蛋白质的区别在于其胱氨酸含量达16% ~ 18%（而在角质层细胞中该酸只有 2.3% ~ 3.8%），对毛发的化妆有重要意义。通常毛发微结构的 pH 值约为 4.1（相当于赖氨酸和谷氨酸结合成离子型物的等电点），当头发变湿时，由于水的 pH 值为 7，使离子键减弱，并引起角朊膨胀，于是被拉伸到干燥时的 1.5 倍；高含量的胱氨酸在蛋白质纤维间形成双硫原子桥键，使头发卷曲并可冷（热）烫；单根毛发为一空心结构，中心为毛髓质，外层为毛皮质，最外层为毛表皮，毛皮质中含有黑色素颗粒，决定了发色。白毛就是由于缺乏黑色素并有空气进入髓质，反射光而呈银白色。

②功能。除兼有皮肤的排泄、防护、吸收功能外，还有指示作用，即头发中的微量元素可以指示其长期积累情况。健康人的头发每 100 克含铁 130 毫克、锌 167 ~ 172 毫克、铝 5 毫克、硼 7 毫克，头发分析还可用来鉴定人的血型及身体状况等，如证实了拿破仑死于砷中毒等。头发还有观赏作用，对化妆品提出了相应要求。

③性状。毛发分硬毛和汗毛，硬毛又分为长毛（头发、胡须）和短毛（眉毛、睫毛），汗毛又称为毫毛。长毛生长速度快，短毛和汗毛生长慢；长出毛发的部位称为毛囊，毛发在表皮外面的部分叫毛干，在皮肤内的部分叫毛根，毛根的尖端叫毛球，其下部分叫毛乳头。毛发的生长按上顺序

反行，长毛特别是头发亦分油性、中性、干性等几种。

头发的结构和性状与其化妆品选用关系很大，例如发的颜色和浓疏决定了其染烫及洗理方式；头皮分泌皮脂过多的油性发，可勤用中性及稍强碱性的洗涤剂洗，不宜用头油，否则由于毛囊堵塞，营养供应不足而造成（脂溢性）脱发；对于头皮分泌皮脂过少的干性发，不能洗得过勤，并且洗发后要用发油保护，否则有抑制细菌作用的皮脂减少，可能导致发癣感染。

（2）皮肤。成年人约有 1.5~2 平方米，重达 2.5~3 千克，厚 2 毫米（手掌、脚掌处可达 3~4 毫米）。

①结构。皮肤由外向内分表皮（没有血管和神经）、真皮、皮下组织 3 层（后两层有微血管、淋巴管、神经、脂肪、内分泌腺等），表皮又分为皮脂膜、角质层、颗粒层、有棘层和基底层，其中最外两层即皮脂膜和角质层由含水量较少的死细胞组成，含 22 种不同氨基酸（胱氨酸约 2.3%~2.8%），pH 值约为 4~7，与美容化妆关系最密切。

②功能。主要有排泄、防护、吸收等。排泄功能，由表皮的基底层生成的表皮细胞不断向皮肤表面移动，最后成为污垢和皮屑脱落，表层有汗腺和皮脂腺开口以分泌水分、盐分和脂质，保证新陈代谢正常进行和维持体温稳定；防护功能，分泌脂肪和汗液形成一层乳化膜，保护角质层，防止外界细菌、病毒污物侵入，对皮肤有润滑作用，防止过度蒸发，使皮肤不干裂，保持光洁和柔软，靠不同蛋白质链间的桥键构成皮肤的韧性，抵抗外来机械伤害等；吸收功能，经毛囊口可吸收氧气、水溶性或脂溶性营养素及其他物质，保证毛发的生长和伤口的愈合。

③性状。因年龄、性别、地区、季节而异，通常皮肤分油性、中性和干性 3 类：油性皮肤的皮脂分泌量较高，毛孔粗大，脸部细腻光亮，易起粉刺；干性皮肤的皮脂分泌较少，易开裂，毛孔不明显，脸部不油腻，经不起风吹日晒，吃刺激性食物后可出现斑疹；中性皮肤性状介乎上述两者之间，对化妆品适应性较好。在上述 3 类的基础上还有混合性（如额、鼻翼、下巴等部位为油性，而面颊为中性）及过敏性（对化妆品中的颜料和香料过敏，出现痒、刺痛）等几类。

皮肤的性状和吸收功能决定了化妆品的选用。油性皮肤的分泌物常堆积，宜用清洁霜类化妆品及时清除，干性皮肤宜用油包水型化妆品滋润。皮肤对外物包括对化妆品的吸收，主要是通过角质层、毛囊、皮脂隙及汗

腺管口进行的。在角质层外有一层皮脂膜，由氨基酸、尿素、尿酸、乳酸、脂肪酸、油脂、蜡类、固醇、磷脂、多肽等构成，化妆品如欲进入角质层，先应将皮脂膜洗去，通常低分子量的小分子物，如香料较易被吸收，挥发性油类如羊毛脂、豚脂、鱼肝油等比较大分子的植物油、凡士林易渗入。温度高时皮肤吸收能力强，婴儿比成年人的皮肤吸收好。化妆品中的酸及碱可分别与角质层中的蛋白质发生缔合，并被水化、乳化从而被吸收，水分子可自由通过角质层，使微量元素、溶于水的营养成分、有机酸、生物碱及中草药的某些有效成分也随之进入。

（3）牙齿。成人一共有 32 颗牙齿，由于牙是食物进入人体的第一道关卡，在识别、咬碎硬物和咀嚼诸方面有重要作用，对健康有重大影响。所以，通常把牙齿的质地作为健康的标志，与牙的保健、齿的结构及齿病种类相关。

①结构。牙齿分齿头（又称牙冠，指露在口腔的部分）、齿颈及齿根（埋在齿槽内的部分）3 部分，牙釉质与牙骨质分别覆盖于牙冠和齿根的表面，其内层为牙本质，它们构成牙体的硬组织。组成牙体主体的无机物是羟基磷灰石，釉质则为氟化钙，呈乳白色，有一定的透明度，还有骨胶原等有机物以联结牙体和牙周组织。

②齿病。常见的有龋齿，这是由于糖类残渣留于牙缝内形成牙垢，加上口腔和外界相通，细菌易进去，使牙垢感染引起（1 克牙垢约含 100 亿个细菌）。牙髓牙周炎亦常见，是伴随龋齿而生的，这是因为口腔内有唾液，水分充足，湿度及温度均有利于细菌将食物渣酵解成酸所致。烟熏引起齿槽脓漏，导致口臭。药物中毒主要由四环素类药物引起，对婴儿及幼童的牙齿影响严重，在其发育期，四环素同无机盐结合使牙齿呈带荧光的黄褐色而不易消除，所以怀孕 4 个月后的妇女和 8 岁以前的儿童服用四环素要慎重。

2. 化妆品的化学组成

化妆品首先是保健品，故应具备抵抗病菌的能力，能保护人体，不应有毒害作用，但作为外用品又有其特点。

（1）一般组成。施用化妆品旨在使皮、毛处于水分和脂肪含量的正常或最佳状态。皮肤的湿度应维持在 10%，过高细菌易繁殖，过低角质层会脱落，脂肪量应适当，过高则肤、毛易生污垢，过低则易干燥裂开或脱落，所以化妆品的组成应同皮脂膜组成基本相同，即有适当的水分和脂质。化妆品的一般成分为：①基质，包括油蜡类（如羊毛脂、蜂蜡、橄榄油、卵磷脂、凡士林等）、粉状物（如滑石粉、膨润土、钛白粉、碳酸钙、淀粉）、溶剂（酒精、乙酸乙酯、甲苯），约占总体的90%；②乳化剂，主要有合成表面活性剂（如三乙醇胺、磺化琥珀酸盐、甜菜碱类）和天然乳化剂（如阿拉伯胶、黄蓍胶），它们约占总体的3%～5%，主要用于将各成分混匀，保持稳定及维持一定黏度，例如3%羧甲基纤维素能将水的黏度增加1万倍；③防腐剂，包括杀菌剂（如山梨酸、邻苯基苯酚，主要用抑制细菌活动）、抗氧剂（如维生素C、维生素E，对羟基苯甲酸丁酯，常用于防止油脂的酸败）等，用量在0.1%以下；④色素，包括有机合成染料（如萘酚黄S、靛蓝）、无机颜料（如氧化铁、氧化铬绿、碳黑）、天然色素（如胭脂虫红、叶绿素、胡萝卜素），用量在0.1%以下；⑤香料，是化妆品的必要辅料，包括植物香料（如玫瑰油、白兰花油）、动物香料（如麝香，灵猫香）、合成香料（各种香精）等，用量在0.1%～1%。

（2）效用。化妆品主要通过调整有关器官，如皮肤、头发、牙齿的性状及功能来体现其效果。它们的主要作用有：①清洁，即除去相应部位的污垢，如各类香波、牙膏均有杀菌作用；②保护，针对皮肤、头发的不同性状进行调整，控制其水分蒸发和脂质分泌，以保持润滑、柔韧，防止开裂、脱落等，如雪花膏、发蜡；③营养，增加肤、发组织的活力，保持角质层的水分，加速血液循环，如人参霜、珍珠霜等高级护肤品及各类生发精，某些药物牙膏均有特定的营养价值；④美容，通常是化妆的直接目的或某些职业（表演艺术）的特定需要，如眼影膏、胭脂、指甲油、染发剂等；⑤治疗，防止皮肤病，如粉刺霜、痱子粉、祛臭剂，功能与外用药作用相似。

知识点

四环素牙

牙齿发育时，牙釉质和牙本质在一层基底膜的两侧同时开始形成，若此时服用了四环素类药物，药物进入体内后就在牙本质和牙釉质中

形成黄色层，且牙本质中的沉积要比在釉质中高4倍，又由于黄色层呈波浪形，似帽状，大致与牙的外形一致，所以整个牙齿均有颜色的改变。最初牙齿呈黄色，在阳光照射下呈现明亮的黄色荧光，以后逐渐由黄色变成棕褐色或深灰色，这种颜色转变是缓慢进行的，阳光对它有促进作用。此外，四环素类药物不仅可以影响婴幼儿时期发育的恒牙牙色，而且孕妇若服用此类药物，还可以通过胎盘影响胎儿期发育的乳牙牙色。

延伸阅读

脱发的原因

如今患脱发症的人越来越多，而且日趋年轻化，这些"聪明绝顶"的人们常为此大为苦恼。脱发固然与现代快速、紧张的生活和工作节奏，以及激烈的社会竞争所带来的精神压力有关，但主食摄入不足也是导致脱发的重要"催化剂"。

中医认为，五谷可以补肾，肾气盛而头发多。历代养生家一直提倡健康的饮食需要"五谷为充、五果为养"，也就是说人体每天必须摄入一定量的主食和水果蔬菜。然而，最近的一份调查表明，现代城市人的主食消费量越来越少，已有不足之势，这给健康带来了一定的隐患。主食摄入不足，容易导致气血亏虚、肾气不足。

中医理论认为，肾为先天之本，其华在发，因此头发的生长与脱落过程反映了肾中精气的盛衰。肾气盛的人头发茂密有光泽，肾气不足的人头发易脱落、干枯、变白。头发的生长与脱落、润泽与枯槁除了与肾中精气的盛衰有关外，还与人体气血的盛衰有着密切的关系。老年人由于体内气血不足、肾精亏虚，常出现脱发的现象，这是人体生、长、壮、老的客观规律。所以，如果年轻人脱发不仅影响整体形象，还可能是体内发生肾虚、血虚的一个信号，而这些问题与主食摄入不足有密切关系。

很多人经常在吃正餐的时候只顾喝酒、吃菜，忘记或故意不吃主食，这很容易因营养不均衡而使肾气受损。此外，主食吃得少了，吃肉必然增多，研究表明，肉食摄入过多是引起脂溢性脱发的重要"帮凶"。每个健康成年人每日粮食的摄入量以 400 克左右为宜，最少不能低于 300 克，即使在减肥期间也不能不吃主食。此外，适当摄入一些能够益肾、养血、生发的食物，如芝麻、核桃仁、桂圆肉、大枣等，对防治脱发将会大有裨益。

防止脱发的妙法：①每天早上梳头 100 下，不但能刺激毛囊，而且可以使发隙的通风良好，因为头发最容易出汗且被热气笼罩，故经常梳头能防止脱发及头皮屑。②经常变换分发线，因为分发线如果一直保持在相同的地方，由此会造成分线部位因太阳照射而且干燥，导致头发稀疏。此外，经常变换分发线，还能增添变换各种发型的乐趣。

洗涤剂与化学

一、各类洗涤剂的配方

市场上，常见的洗涤剂用品主要有：

1. 家庭常用洗涤剂

家庭常用洗涤剂主要有液剂、粉剂、块状和膏状 4 类，应用上各有特色。

（1）液剂。主要包括厨房用液、地毯洗液等。①餐具洗液为轻垢型，亦可用于洗涤蔬菜、水果，但对安全性要求高，主要成分为烷基苯磺酸钠或十二烷基磺酸钠 5%～25%，月桂醇酯硫酸钠 2.5%～7%，椰子油酸单二乙醇酰胺或其他酰胺 2%～4.5%（稳泡剂），福尔马林 0.2%（杀菌剂），pH 值接近中性。②洗衣用液剂，为重垢型或轻垢型，前者多用于洗涤内衣，通常含有碱性助剂；后者多用于洗涤外衣及毛料，为中性。重垢型的典型配方为烷基苯磺酸钠 10%，壬基酚聚氧乙烯醚 2.0%，二乙醇胺 3.6%，焦磷酸钾 12.0%，硅酸钾 4%，二甲苯磺酸钾 5%（助溶剂），聚乙烯吡咯烷酮 0.7%（增稠剂），荧光增白剂及福尔马林各 0.2%，其余皆为水。轻垢型中无上述碱性的钾盐，但加入月桂酸二乙醇酰胺（2%）、吐温 60（1%～4%）及乙醇等。液剂类的一个显著特点是淡雅清香、悦目怡人。

③地毯清洗剂，多用低碱度及易于干燥的液汁，主要成分为脂肪醇硫酸酯钠（或镁）、磺化琥珀酸半酯、焦磷酸钠、胶体二氧化硅及少许溶剂。④软皂，即脂肪酸钾。

（2）洗衣粉，适用于洗涤棉、麻、聚丙烯腈等纤维制品的为重垢型，用于洗涤丝毛等蛋白质纤维的为轻垢型（要求中性），还有常规或通用型。①重垢型，按活性物质烷基苯磺酸钠含量分为 30 型（30%）、25 型、20 型三种；②轻垢型，通常在前述 30 型的基础上，降低三聚磷酸钠（2%～15%）、硅酸钠（1%）的用量；③其他复配粉，即含多种活性物但总量降低，其特点为去污力强；低泡粉适合洗衣机普及的形势，其特点是活性物中除阴离子型、非离子型表面活性剂外，还加了皂片。

（3）块状，泛指各类新型肥皂，应用方便是其突出优点。主要有：①肥皂，主要成分为高级脂肪酸钠盐、松香（提高肥皂中脂肪酸含量）、硅酸钠（有利于成型）、滑石粉（增加固体量防止收缩变形）；②合成皂，用表面活性剂加工而成，由于合成的表面活性剂不能形成硬块，需加一些黏合剂，如石蜡、淀粉、树胶等；③改性肥皂，品种甚多，主要在肥皂基质上加入其他特效助剂，如香皂（加入香精如香草油）、增白皂（荧光增白剂）、儿童皂（弱碱性，油脂含最高，还加少许硼酸和羊毛脂）、药皂（加入苯酚、混合甲酚及硼酸，可杀身上细菌，但不宜洗脸和洗头）、酶皂（加入 0.2%～0.7% 的酶制剂，如蛋白酶、脂肪酶、淀粉酶等）、透明皂（用 80% 牛、羊油，20% 椰子油及甘油和碱制成，碱性较弱，皂质滑，不易龟裂，由于甘油较多故透明）、美术皂（用不同颜色的皂制成花、鸟再嵌入透明皂中），后两者适合洗合成纤维，被誉为"的确良肥皂"。

（4）膏状，即将配方中的各种液体和固体混合物制成黏稠的胶体，要求在运输、贮存中不得分层、析晶、结块等，其加工比粉状方便，效能比液状优异。重垢型配方如烷基苯磺酸钠 25%，乙醇 2%，三聚磷酸钠 15%，水玻璃 7%，纯碱 5.3%，羧甲基纤维素钠 1%。

2. 其他消毒及去污方法

（1）洗涤剂。开发几十年来，针对不同需要开发的新品种有：①加酶洗衣粉。1971 年美国卫生组织在确证由 1963 年在荷兰制成的加酶洗衣粉无毒后，发展迅速，主要用于洗涤含较多蛋白质的污秽，如血渍、粪渍、汗渍等，对医院及野战外科部门尤为必须，应用的最佳温度为40℃（70℃以上酶即失去活性），适宜 pH 值为 8.5～10.5。我国所用的酶制剂有天津 KL －碱性蛋白酶、上海 2709 碱性蛋白酶等，它们由非离子型表面活性剂包封，洗涤时将污质迅速分解转变成易溶于水的氨基酸。②低磷洗衣粉，由于磷酸钠是植物的重要肥料，其废水难于治理，排入江河中造成所谓富营养化，即水藻大量繁殖，水中动物则因缺氧而死亡。近年来随着对环境问题的重视，广泛开展了磷酸盐代用品的研究，已提出的代用试剂有 EDTA、氨三乙酸、柠檬酸钠、合成分子筛等，效果均不如三聚磷酸钠，只能部分代用。③洁厕粉，表面活性剂与三聚磷酸钠及摩擦剂（碳酸钙等）的混合物，去污效果好。

（2）常用消毒剂。这是指常温下应用的能摧毁病原菌而对一般细菌孢子无作用的化合物。通常水对保洁消毒有重要意义，把伤寒菌涂在清洁的手上，10 分钟内 80% 死亡，如果手脏则只有 5% 死亡，所以水是最基本的消毒剂和清洁液。除水以外还有：①艾奥多福，为聚乙烯吡咯烷酮和碘的络合物，可溶于水，该水溶液是一种高效无痛消毒液。②芬顿试剂，即亚铁离子和过氧化氢的水溶液，为一种有效杀菌剂，研究表明（ESR 谱）过氧化氢溶液杀菌的有效成分是 HO·自由基强氧化剂，可以氧化任何种类细胞。③波尔多液，即硫酸铜的石灰乳，有杀虫及杀菌作用，多用于植物，如树木及果类的防虫及消毒。④其他盐类、氧化剂、蛋白质凝固剂，如氯化锌、硫酸锌、氟化钠的水溶液，碘酒（3% 或 10%）、氯胺丁、高锰酸钾、次氯酸钠等以及红溴汞（又名 220，其 2% 水溶液称红药水）、氯化汞、松油、己基间苯二酚、冰醋酸、三氯乙酸、甲醛（福尔马林）等均是良好的消毒液；⑤75% 乙醇为稳定的等渗液，用时乙醇渗进细菌体内，使细胞内的蛋白质整体凝固。⑥浓盐水，利用其高渗透压使细菌的细胞内液渗出干涸而杀灭。⑦花露水，为香精的 70% 乙醇溶液，既有等渗性，香精杀菌效果亦好，常用于消肿止痒。⑧酚类包括杂酚油，五氯酚钠溶液可被细菌迅速吸收，是一种广谱消毒物。⑨季铵盐为阳离子表面活性剂，如新洁尔灭，其杀菌作用可能与它们削弱细胞壁、使细胞无法保存养分的能力有关。

（3）去污方法。①菜汤乳汁污渍，先用汽油揉搓去其油脂，再用稀氨水浸洗；果汁，如西红柿汁，先用食盐水刷洗再以稀氨水处理；茶迹，先

用浓食盐水搓，羊毛织品则用10%甘油轻揉后再用清水漂洗。②锈斑，不同环境的锈斑组成不同，日常由于工作、劳动时衣服上沾的铁锈斑为含羟基氧化铁，呈棕黑色，通常用2%草酸溶液或5%～10%柠檬酸溶液浸洗。③毛织物上的油污通常用干洗精去除，市售干洗精为非离子表面活性剂与乙二醇（助溶剂）及四氯乙烯或汽油和少量水的混合液。④首饰污渍，指金、银合金受酸、碱、油脂作用失去光彩，甚至形成斑点，可用碳酸氢钠溶液、含皂素及生物碱的溶液、中药如桔梗、远志的浸汁或5%～10%的草酸溶液浸泡后再刷洗。⑤铝制品油污，如饭锅、水壶上的污渍，主要成分为油垢，切不可擦拭或刮挖，可用棉花黏少许醋轻搓待熏黑部位光洁后，再用中性洗衣粉洗净。厕所污渍，10%酸（除去尿碱和水锈）、硫酸氢钠与松节油或烷基苯磺酸钠混合物可擦除尿碱。⑥漂白布、纸张和草帽用亚硫酸溶液还原漂白，其机制是生色物多含双键，可由加成氢而破坏，深色的斑及染料可用漂白粉处理，释出的次氯酸破坏色料的分子。⑦油渍，润滑油、皮鞋油、油漆、印刷油墨的污渍可用汽油、四氯化碳、乙醚等有机溶剂除去；煤焦油渍、圆珠笔油渍可用苯擦去。⑧墨渍，由于碳很稳定，不易与一般化学试剂作用，通常用吸附力强的淀粉吸收，也可用1份酒精2份肥皂液搓揉脱除。⑨蓝墨水还未氧化干涸时，由于鞣酸亚铁可溶于水，立即用水洗即可，如已氧化则先用水浸湿，再用亚硫酸钠、硫代硫酸钠或草酸还原后再用水洗；红墨水则用20%酒精及0.25%高锰酸钾使染料氧化而去渍。⑩血渍、尿渍、汗渍等主要成分为蛋白质，宜先用冷水浸泡（如用热水烫煮则蛋白质凝固，黏牢于纤维上），再用加酶洗衣粉洗涤；这类污渍日久由于阳光和空气作用氧化成尿胆素的黄斑，可用稀氨水揉搓脱色。

二、洗涤机制和洗涤剂的化学结构

1. 洗涤机制

洗涤机制包括洗涤过程和润湿作用。

（1）润湿作用。如果没有润湿作用，想把物体洗净是不可能的。润湿作用涉及有关表面的性质：①污垢，通常吸附在衣物和皮肤上的污物，如尘埃、煤烟、油渍、汗分泌物，大都是疏水物质；②润湿，要使被吸附的污垢与衣物表面分离，首先要求洗涤液接触这两者，在其界面形成一亲水的吸附层，使界面张力降低，因而削弱其黏附力，洗涤剂分子又会渗进原来是粘在一起的污垢的间隙和裂缝中，把它们分散成更小的颗粒；③受体，即棉、麻、丝、毛等动植物及人造纤维，虽然有的本身亲水（含多个羟基）但大都有一层油膜，故表面也多是疏水的；④接触角，是润湿或湿润能力的定量表征，指液滴在固体表面形成的角度 θ；当 $\theta = 0°$ 时，为完全润湿，$\theta = 90°$ 为润湿，θ 为 90°～180°不润湿，θ 为 180°完全不润湿。水对几种表面的接触角为，石蜡108°，羊毛哗叽141°，雨衣156°±9°。

（2）洗涤过程。其基本过程为：被洗物－污垢＋洗涤剂（介质）被洗物＋洗涤剂－污垢，此处的介质决定于是水洗还是干洗。除上述润湿作用外，还有：①机械作用，通常与起泡沫有关，借助揉搓及泡沫的活动，使污垢从纤维上脱落；②乳化作用，使污垢分散，不再回附于纤维；③增溶作用，污垢可能进入洗涤剂分子的胶束，最终脱离被洗物。洗涤剂的去污作用是上述由降低界面张力而产生的润湿、渗透、起泡、乳化、增溶等多种作用的综合结果。可用去污力表示：去污力（%）＝（去污前附着量－洗涤后附着量）/洗涤前附着量，也可以制备标准人工污布，测定其反光率，作为洗涤剂或一定洗涤过程去污能力的标度。

2. 洗涤剂的化学结构

（1）洗涤剂的一般组成。洗涤剂的选择随污垢的性质而异，就家庭生活而论，主要用于去油污，表面活性剂就成了这类洗涤剂的主要成分。①定义，按国际表面活性剂委员会的规定，洗涤剂是按专门配方配制的以提高去污性能的产品，表面活性剂则是一种用量尽管很少但对体系的表面行为有显著效应的物质。②主要组分，洗涤剂由活性物及若干助剂组成，前者为带有双亲（既亲水又亲油）结构的表面活性剂，后者则为改善洗涤效果的各种无机物（如三聚磷酸钠）、有机物（如香精、增白剂、酶制剂）等。

（2）表面活性剂的结构。迄今表面活性剂有 2 000 种以上，其分子结构具有不对称性，由亲水的极性基和疏水的非极性（烃）基两部分组成，通常非极性部分的碳原子数应在 8 以上，包括：①非离子型酯类，如斯盘、吐温（均是山梨醇的脂肪酸酯衍生物），它们多制成液态的洗净剂或称洗

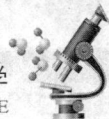

涤精；酰胺类主要有烷醇酰胺又名尼诺尔，为液体合成洗涤剂，去污力强，多做泡沫稳定剂；聚醚类如丙二醇与环氧乙烷加成聚合而得的低泡洗涤剂（上海美加净）。②离子型阴离子型，如羧酸盐（普通的肥皂）、烷基苯磺酸钠（民用洗衣粉的大部分）、脂肪醇硫酸钠（用于化妆品制备）；阳离子型主要为铵盐如季铵盐（新洁尔灭）、叔胺（萨帕明A），它们多用做杀菌剂；两性型，它们在水中可离解成阴、阳两类离子，如氨基酸（十二烷基氨基丙酸钠），它们多用做乳化剂、柔软剂等。

（3）助剂，主要有：①月桂酸二乙醇酰胺，有促泡和稳泡沫作用；②荧光增白剂，如二苯乙烯三嗪类化合物，配入量约0.1%；③过硼酸钠，水解后可释出过氧化氢，起漂白和化学去污作用，多用做器皿的洗涤剂；④其他如磷酸盐的代用品等；⑤三聚磷酸钠俗称五钠，为洗涤剂中最常用的助剂，络合水中的钙、镁离子，造成碱性介质有利油污分解，防止制品绪块（形成水合物而防潮），使粉剂呈空心状；⑥硅酸钠俗称水玻璃，除有碱性缓冲能力外，还有稳泡、乳化、抗蚀等功能，亦可使粉状成品保持疏松、均匀和增加喷雾颗粒的强度；⑦硫酸钠，其无水物俗称元明粉，湿水物则称芒硝，在洗衣粉中用量甚大（约40%），是主要填料，有利于配料成型；⑧羧甲基纤维素钠，简称CMC，可防止污垢再沉积，由于它带有多量负电荷，吸附在污垢上，静电斥力增加。

知识点

荧光增白剂

荧光增白剂是一种荧光染料，或称为白色染料，也是一种复杂的有机化合物。它的特性是能激发入射光线产生荧光，使所染物质获得类似荧石的闪闪发光的效应，使肉眼看到的物质很白，达到增白的效果。它被广泛用于造纸、纺织、洗涤剂等多个领域中。荧光增白剂约有15种基本结构类型，近400种结构。我国允许在衣物洗涤剂中添加的荧光增白剂有两种类型：二苯乙烯基联苯类（如CBS等）和双三嗪氨基二苯乙烯类（如33#等）。

延伸阅读

洗衣粉的危害

洗衣粉侵入人体，在血液循环中破坏红细胞的细胞膜，发生溶血；侵犯胸腺，使胸腺发生损伤，导致人体抵抗力下降。洗衣粉还能引起腹泻、体重下降、脾脏萎缩、肝硬化等。洗衣粉的主要成分是烷基苯磺酸钠，具有很好的去污作用，使用又很方便，所以深受人们喜爱。但洗衣粉具有一定毒性，即使少量的洗衣粉进入体内，也会对人体内多种酶类的活性起到强烈的抑制作用。较好的洗衣粉其主要成分有：织物纤维防垢剂、阴离子表面活性剂、非离子表面活性剂、水软化剂、污垢悬浮剂、酶、荧光剂及香料等；较差的洗衣粉常含有磷、铝、碱等有害成分。表面活性剂在洗衣粉中的作用是使洗衣粉有可溶、乳化、浸透、洁净、杀菌、柔化、起泡、防止衣物静电等功能。合成的表面活性剂很早就被人们发现有使手变粗等副作用，现在已被视为污染环境的一大公害。另外，磷、铝等，尤其是磷在一些发达国家已被禁止使用在洗衣粉中，然而我国不少化工厂，还在生产这种产品，特别是一些外资企业，在自己本土不能生产这些有害物质，而在我国则钻法律不健全、人们环保意识不强的空子，大胆地添加这些有害物质。

玻璃里的化学

生活中，常见的玻璃有窗玻璃、家用玻璃，此外还有特种玻璃，一般均为硅酸盐。

1. 组成和性质

（1）组成。常见的钠钙玻璃主成分有二氧化硅（72%）、氧化钠（15%）、氧化钙（9%）和氧化镁（4%），将它们混合在高温下熔制就成为了钠钙玻璃。其中二氧化硅通过硅氧四面体结构成玻璃骨架，冷却时形成黏性极大（10^9 泊以上）的过冷液体，呈现透明的玻璃态特征，宏观上

是固体，微观上带有液体的无序性；碱金属氧化物为助熔剂，可使玻璃熔点降到700℃；碱土金属氧化物为成型剂，使玻璃体耐水，不致过分软化；少量二氧化锰为去色剂；有色的玻璃中常需加各种氧化物以着色，主要的着色物有：氧化亚铜（红）、氧化铜（绿或蓝）、二氧化锰（紫罗兰）、氧化钴（蓝）、金（红、紫或蓝）、铀（黄绿）、氧化铬（绿）、氧化亚铁（绿）、氧化铁（黄）和硒（浅红）等。

（2）性质。透明而又不受大气侵蚀，导热性差，适合做窗玻璃；透光性好而又耐高温、不着火、密封性好，适于制灯泡及各种灯具；良好的光学性能，适合做镜头，广泛用于照相机、眼镜、望远镜的镜头；有一定硬度，能抗水、酸（碱）的侵蚀，故无毒而稳定，适合制作各种容器如酒（水）杯、油瓶、汽水瓶及墨水瓶等，还广泛用于制作实验仪器。

2. 家用玻璃

家用玻璃主要品种有照形镜、眼镜、器皿玻璃和装饰用玻璃。

（1）照形镜，在洁净的玻璃面上镀一层能反光的膜，如锡、汞及银、铝的薄膜即得。银镜曾沿用1个多世纪，是将葡萄糖还原银氨络合物使银沉积在玻璃面

玻璃茶壶

上而得；铝镜则是在真空中使铝蒸发，其蒸气凝结在玻璃面上成一薄层。在照形镜的基础上，利用镜表面反射辐射的能力阻止热传失，配合将夹层套中的气抽空，制成杜瓦瓶，实验室中用于存致冷剂（干冰及液氮），日常生活中即为暖瓶。

（2）眼镜主要是变色眼镜，由光学玻璃或光致变色玻璃制成，其主成分为二氧化硅（62%）、氧化硼（15%~22%）、氧化铝（7%）、氧化锆（<10%）、氧化钛（2%）及少量的锂、钠、钾氧化物，在制作过程中渗进了光敏物，如氯化银、溴化银及催化剂氧化铜；其特点是在强光作用下，卤化银晶体分解释出银，由于银原子不透明，布满玻璃，使镜片颜色变暗，光越强色越暗，当强光消失后，银原子和卤素在氧化铜催化下又会迅速地结合成透明的卤化银微晶，镜片也随之变为透明；各种镜片功能不同，黄绿色的

看东西最清楚，绿色和茶色镜片都能吸收紫外线和红外线，灰色镜片既能阻挡耀眼的阳光，又不改变外界景彩虹玻璃球中含有大量氟化物物的颜色。

（3）彩虹玻璃，在普通玻璃原料中加入大量氟化物、溴化物及少量敏化剂（氯化银及氧化铜催化剂）制成，其加工特点是经过两次紫外线照射和热处理，紫外线照射时间不同，玻璃的颜色也不同。如果在玻璃上放一块带图案的掩膜板，用光照射后会在玻璃中得到与掩膜一一对应的彩色图案，可用于博物馆存储永久性档案，制作彩色玻璃饮料杯、盘及照相用图和雕塑品等。

（4）器皿玻璃又称光色玻璃，主成分为钠钙硅酸盐，因其熔融温度及软化温度均较低，又称软玻璃。加入各种着色剂，适宜用做瓶、盆、缸、碟等饰物，还可加入氧化锡或氟化钙得半透明或不透明的均一乳白色，质地更精美。

3. 特种玻璃

用特种原料按特殊配方进行特定加工得到的适于特别用途的玻璃，品种甚多，主要有：①耐热玻璃，主成分为氧化硅、氧化硼、氧化铝等，热膨胀系数小，故可耐温度骤变，适宜制作加热仪器，如烧杯、蒸馏瓶等，名品有派力斯（美）、耶拿（德）和九五料（我国），也用以做温度计。②钢化玻璃，热玻璃淬火后内部分子排列微晶化，很像金属，其化学成分与普通玻璃相同。用来制作大型望远镜，不胀不缩；做车刀，削铁如泥；还可加工成人造骨骼，坚硬耐用；制成玻璃锅，干净美观，能直接摆上宴席。③辐照玻璃，主要有 X 射线玻璃，主成分为氧化硅、氧化铅（1:4），又称铅玻璃，可吸收大量 X 射线和 γ 射线，用于医疗。防中子玻璃，主成分为氧化硅、氧化镉、氧化硼等，中子俘获截面大。红外玻璃，主成分为氧化硅和氧化砷，其特点是透红外辐射能力强，适于红外线有关设备及装置的配用。④光学玻璃，主成分为氧化硅、氧化钠和氧化铅，又称结晶玻璃或燧光学玻璃，折射率高，用途广；石玻璃，其特点是折射率高，光学性能好，适宜用做各种

彩虹玻璃杯

镜头。⑤玻璃钢，即玻璃增强塑料，是将玻璃熔化拉成细丝织布后按层压在一起，放在热熔塑料中加热，其强度比同重量的钢材大4倍，密度小，不锈、不导电，可避子弹。近年来出现了玻璃轻型坦克和炮艇，可制瓦片和家具、撑跳竿和比赛用的弓箭。⑥太阳

光导纤维

能聚焦镜，虽然日常生活中的镀银镜已让位于铝镜，但太阳能发电厂仍采用大面积的镀银玻璃镜聚焦阳光，目前这类厂已发展到可供1万人口城镇的用电量规模。⑦光导纤维，将玻璃熔融拉成比头发还细的纤维，其强度超过同样粗细的不锈钢丝，手指粗的绳可吊5吨重物，3厘米厚的玻璃棉保温能力相当于1米厚的砖墙，并且有良好的吸音能力。光导纤维（纯净的氧化硅）主要用于电话传载，容量大，输送耗损极微。用途极广的钢化玻璃不受电磁干扰，节省金属导线材料。20世纪70年代中期发现氟化物玻璃比传统的硅质玻璃透明度高100倍，耐高能辐射，1986年研制出的氟化物光导纤维性能更为优异，可用于200千米以外的信号传送，突破了硅质玻璃的局限。⑧微孔玻璃，将普通玻璃热到500℃～600℃后，原子重新排列，形成直径为10^{-9}米的微孔，可以透气，适于高净房间中的吸潮。将这种玻璃浸在浓蔗糖水中再适当处理，可做成特殊温度计用以测–200℃以下的超低温。将微孔玻璃烘干再烧结或加入一些专门的离子型化合物，则制成耐高温、不透过红外线和紫外线、隔热性能好的玻璃，可制宇宙飞船的窗户。

知识点

光导纤维

光导纤维是一种透明的玻璃纤维丝，直径只有1～100μm左右。它是由内芯和外套两层组成，内芯的折射率大于外套的折射率，光由一端进入，在内芯和外套的界面上经多次全反射，从另一端射出。

玻 璃 纸

玻璃纸是一种以棉浆、木浆等天然纤维为原料，用胶黏法制成的薄膜。它透明、无毒无味。其分子链存在着一种奇妙的微透气性，可以让商品像鸡蛋透过蛋皮上的微孔一样进行呼吸，这对商品的保鲜和保存活性十分有利；对油性、碱性和有机溶剂有强劲的阻力；不产生静电，不自吸灰尘；因用天然纤维制成，在垃圾中能吸水而被分解，不至于造成环境污染。它广泛应用于商品的内衬纸和装饰性包装用纸。它的透明性使人对内装商品一目了然，又具有防潮、不透水、不透气、可热封等性能，对商品起到良好的保护作用。与普通塑料膜比较，它有不带静电、防尘、扭结性好等优点。玻璃纸有白色，彩色等，可作半透膜。

陶瓷里的化学

深入人类生活的陶瓷制品，是黏土和瓷石制器，由胎体烧结并进行表面加工而成，主成分为硅酸盐。

1. 分类和化学特征

（1）分类。硅酸盐基胎体未经致密烧结，不论有色或白色，称为陶器。胎体基本烧结，表面上釉的称为瓷器，按釉色再细分为青瓷、白瓷和彩瓷。胎体为金属并上釉的称为搪瓷，又分为铁、铜、铝坯几类。

（2）胎体的化学特征。胎体黏土的主成分为铝硅酸盐矿物，以高岭土为代表，由氧化硅、氧化铝和水组成（三者含量分别为39.5%、46.54%和13.96%）。瓷石则在上述成分以外还有氧化钾。它们的共同特点是与适量水结合可调成软泥并具有可塑性，将塑成形的泥团灼烧后形成有一定强度的坚硬烧结体，这个特性十分重要。烧结过程中反应失去结晶水和形成新结晶有多步：先在100℃~450℃失去吸附水形成一般高岭土，维持此适当

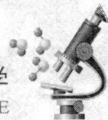

温度，失去结晶水成偏高岭土，直到925℃分出部分氧化硅形成硅—铝尖晶石，再热至1 100℃成假莫莱石，在1 100℃~1 350℃时进一步转化成机械强度高、热稳定性和化学稳定性均佳的莫莱石。釉瓷器及搪瓷表面为光滑玻璃的质层，分白釉和彩釉两类。白釉主成分为氧化硅（60%~69%）、氧化铝（14%~19%）、氧化钙（7%~15%）和氧化镁（4%~7%）等近于硬质玻璃；彩釉是在白釉基体上加入各种金属氧化物烧熔后显出不同彩色而得（与玻璃色料的着色相同）。

（3）成型特色。按成型方式不同分白瓷、釉上彩和釉下彩几种。白瓷是把瓷土制坯放进窑中烧成素瓷（有许多小孔，可渗水），浸上一层白釉料，烧熔均匀覆盖即得雪白光洁的瓷器；釉上彩，是把烧好的瓷器表面绘上彩图，再在低温窑烧烤，使色料与釉熔化结合而得；釉下彩则是先在瓷坯上用色料画好彩图，再上釉料于高温窑烧翻。

2. 家用陶瓷

家用陶器主要有器皿和装饰品两类。①器皿陶瓷包括餐具、坛罐等，名品有宜兴釉陶、醴陵青瓷（由少量氧化铁着色）及白瓷（由着色杂质含量少的原料烧制得），景德镇素三彩（分黄、绿、紫3种，着色剂为赭石、铅粉、铜花及钴土矿等），均是在一般陶瓷基体上轻度加工。②仿古陶瓷。由于我国历史悠久，古陶瓷业发达，故品种甚多，主要有：汉绿釉陶，为铅釉，以偏硅酸铅（$PbO \cdot SiO_2$）和正硅酸铅（$2PbO \cdot SiO_2$）组成光学性能甚佳的玻璃态，以铜、铁、钛、锰等的氧化物为着色剂，呈黄绿色；唐三彩，是1899年从洛阳墓中出土的以黄、绿、蓝、白四色为主的经二次烧成的彩釉陶，釉玻璃体为硅酸铅或铅铝硅酸盐亦即白釉，彩釉料为铁、钴、锰、铜的氧化物（均

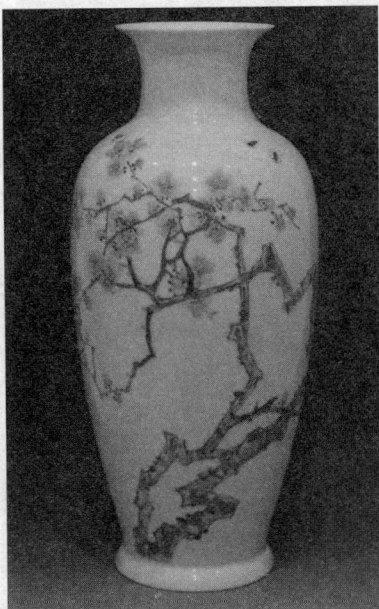

精美的陶瓷

为变价元素化合物），与此类似的
还有宋三彩和辽三彩；法华釉、釉
玻璃体主成分不是氧化铅而是牙硝
即硝酸钾，色调以法蓝、法翠、法
紫为主，着色剂仍为铁、钴、锰、
铜等变价金属的氧化物。

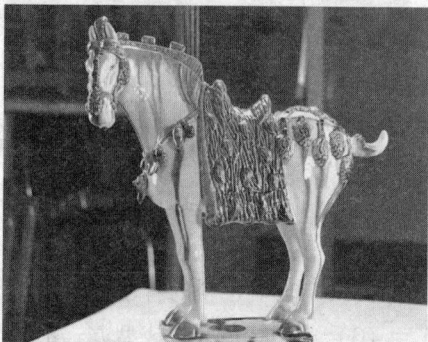

唐三彩——印象西安

3. 搪瓷

搪瓷是一类重要的家庭用品。
①通用品用铁坯上釉制得，这种釉
称为珐琅，其主成分为硅酸盐，类似于硬质玻璃。本品强度高，坚韧而不脆、
不易生锈、轻便，除适于制作碗杯盘碟外，还用以制脸盆、浴缸、水桶等，
其缺点是不宜直接加热，因为金属与釉的膨胀系数不同。②徽章或标牌，由
珐琅涂在铝坯上而成。③景泰蓝是将珐琅涂在铜坯上的我国特有工艺品。

4. 特种陶瓷

①金属陶瓷是在黏土中掺入金属细粉烧成，兼有陶瓷耐高温、高硬度、
抗氧化腐蚀及金属韧而不脆的多方面优异性能。通常用的钴陶瓷含金属钴
20%，可耐 $5\,000\,℃$，因为此时金属挥发带走了热量，防止了制品的损坏，多用做宇宙火箭喷火道材料。金属陶瓷还可做切削金属的刀具及在原子核反应堆里做抗液钠侵蚀的器件。②透明陶瓷（1957 年，美）由于用于制作普通碗、杯等陶瓷器的原料成分复杂、杂质多，还包含了无数气孔，使光线散射，因而不透明，而透明陶瓷则用纯度很高、粒度很细的氧化铝在特制的高温炉中烧成。本品气孔少，抗腐蚀、强度高、耐高温，特别适于制作城市照明的高压钠

景泰蓝——洪福齐天（葫芦）

灯（这类灯的放电管内充以钠蒸气，腐蚀性极强，且温度高达1 350℃，玻璃和石英均不耐受），还可用于制作红外线制导的各种导弹光学部件、防弹装甲、观察核爆炸闪光的护目镜、立体电视的观察镜等。③其他主要是建筑工业用陶瓷，如琉璃，为低温彩色釉陶，以氧化铅及硅酸盐为基质，以变价金属氧化物为着色剂，制成黄、绿、紫、蓝的瓦及铺砖，与琉璃类似的名品还有宜兴釉陶、刀具陶瓷，为高氧化铝材料，具高强度和硬度。坩埚是在高铝硅酸盐基质上涂以耐高温白釉，可耐1 500℃～1 700℃，适于做高温熔炼用。

知识点

景泰蓝

景泰蓝，北京著名的传统手工艺品，又称"铜胎掐丝珐琅"，俗名"珐蓝"，又称"嵌珐琅"，是一种在铜质的胎型上，用柔软的扁铜丝掐成各种花纹焊上，然后把珐琅质的色釉填充在花纹内烧制而成的器物。因其在明朝景泰年间盛行，制作技艺比较成熟，使用的珐琅釉多以蓝色为主，故而得名"景泰蓝"。

延伸阅读

青 花

青花是瓷器釉彩名，白底蓝花瓷器的专称。典型青花器系用钴料在素坯上描绘纹饰，然后施透明釉，在高温中一次烧成。蓝花在釉下，因此属釉下彩。青花瓷的特点是明快、清新、雅致、大方，装饰性强，永不掉色，素为国内外人士所珍爱，并且在世界的制造瓷器的工艺中有着极为重要的地位。青花瓷普遍的是白底蓝花瓷器，发展至后来，也包括了蓝底白花瓷器。

涂料与化学

涂料是用于墙、木器、金属器件表面防护的成膜物料，按化学性质及用途分为有机涂料、无机涂料和特种涂料等几种。

1. 有机涂料

有机涂料主要指油漆及塑料涂刷品。①实用功能。油漆种类甚多，其功能随实际要求而异。较重要的油漆有中国漆，又名大漆，是漆树的分泌物，主成分为漆酚，新从漆树剖出的漆汁含有相当多的水分，称为生漆，脱水后成为深色黏稠状物，称为熟漆，可用桐油等稀释，其本色呈紫黑，古色古香，甚为秀美。色漆，用大漆加丹砂、雄（雌）黄、红土、白土等，通常它们在较高湿度（70%～80%相对湿度）下氧化成膜，其质地甚好，易干而不裂，还可加二氧化锰、蛋清及氧化铅以催干，因为这类生漆的干燥受所含漆酶的催化作用，其适宜温度为20℃～30℃，相对湿度为80%。清漆，又称油漆，即油和树脂配成的成膜物，直接涂饰家具或作为打底用漆。其他，有厚漆（清油和颜料调配）、调和漆（清油和树脂加色料，适于涂刷门窗，抗水和耐阳光）、瓷漆（树脂加颜料，膜坚韧、光亮）、硝基漆（硝化纤维的丙酮、苯，醇或蓖麻籽油溶液，其特点是干得快，化学稳定性好，多用于涂过颜料的木材或金属面上）。②物理及化学特征。涂料应具备某些特定条件，如流动性，能在木材和金属表面上或墙上流平（刷子印消失），使表面光滑、均匀，适度，成膜应牢固、连续而无裂缝，并有弹性和韧性；耐腐蚀，经得起温度、湿度的剧变，能抵抗大气、水分、阳光的长期侵蚀和作用，并耐机械磨损；组成上涂料通常包含成膜物质、溶剂和颜料3种成分，成膜物质又分为油料和树脂两类；油料用的是干性油，如桐油、亚麻籽油，半干性油有豆油、向日葵油等；树脂则有多种合成树脂，如醇酸树脂、硝化纤维；溶剂，如乙酸异戊酯、汽油等可以溶解树脂，并且挥发速度适中；颜料，前述金属氧化物或各种染料。③贮存及使用。油漆在空气中溶剂易挥发而变稠结膜，干性油漆则因氧化打开分子中双键聚合面干涸；天然漆中含有漆酚，对皮肤有毒；用漆前应使上漆表面磨平

打光，然后上腻打底，并分次涂刷，每次刷前应充分干燥并除去灰尘污物，否则会形成水珠及气泡，并使漆膜不牢、龟裂、起皱，甚至脱落。

2. 无机涂料

无机涂料多为变价金属氧化物，特点是耐高温，着色力强。①实用功能，主要有透明色料和防锈颜料等，透明色料是将颜料在植物油中分散，不改变基质结构，如纹路、花形的前提下使物体着色，主要用于木料、塑料面及皮革上色，包装材料印刷和做汽车外壳的高级面漆，原则上任何可制得细粒的颜料，只要工艺得当均可适用，但主要品种为数不多，常用的有氧化铁黄（$Fe_2O_3 \cdot H_2O$）、氧化铁红（Fe_2O_3）、碱式氧化铬［$Cr_2O(OH)_4$］或［$Cr_4O_3(OH)_6 + Cr_2O(OH)_4$］、氧化铬绿（$Cr_2O_3$）以及前面已提到的几种，其中以氧化铁红最重要，因为它着色力好、抗辐射、热稳定性优良。防锈颜料是利用颜料与基质、黏合剂及渗进的水分在界面发生作用，防止空气、二氧化碳及其他杂质的透入或通过吸收和反射作用使有机黏合剂与紫外线隔离，因而收到物理保护和化学防护的功效。主要防锈颜料有铅丹和铝粉等，前者与黏合剂的脂肪酸之间反应生成铅皂，最后水解生成碱性的水合氧化铅化合膜，铝粉则附在铁管上形成致密的氧化物膜，防止金属进一步锈蚀。迄今全世界每年有近 1/4 钢铁制品由于生锈而报废，表面镀刷油漆均不能持久，尤其海水的腐蚀，海底和地下电缆的损失问题有待解决。②作用机制，通常有白色和有色颜料两类，前者在可见光区不发生吸收，后者则吸收某种波长的光，它们均可用于透明漆膜和釉面；颗粒较大的，着色漆膜的光散较强，遮盖力较好，多晶硅太阳能电池粒度小者则失去散射能力，漆膜透明而以吸收为主。由于分子本身或晶格类型不同，实际化学机制各异，如铬黄即铬酸铅的颜色是电子由铬酸根的氧原子转移到铬原子上，钴蓝即 $Co(AlO_2)_2$ 的颜色则由于尖晶石晶格氧离子四面体的配位场使钴离子的能级分裂，红色的硒（镉）硫化物则是由于短波引发电子在固体内不同能带间转移，四氧化三铁和钼蓝（MoO_3^-）的色变则是由于同一元素在晶格内存在不同化合价以及非化学计量造成的；色调的鲜明性取决于吸收峰的形状，如峰形陡峭，色调好甚至有异常光彩，而吸收曲线呈峰峦状如馒头，则色泽暗淡。

3. 特种涂料

特种涂料主要有：①工程抗蚀涂料，又称工程塑料，主成分为聚四氟乙烯，在钢板上喷镀，大大提高钢铁制品如船、艇的抗蚀能力；带有此涂料的钢板称为塑料复合钢板。②发光涂料，在常见的有机或无机涂料中掺入荧光物如硫化锌或荧光素即得，涂在墙壁或天花板上，一到天黑就发出明亮的冷光。③抗水涂料，将硅有机化合物的挥发性溶剂溶液覆盖于玻璃或瓷器制件上，待溶剂挥发后，即成抗水及耐蚀层，由于不沾水，适于微量分析中少量水液的转移。④宇航涂料，其主成分为有机树脂，含有硅、磷、氮、硼等元素，其填料为二氧化硅、云母粉及碳硼纤维，特别是加入易升华物质如氧化硒、硫化汞等；当火箭升空时其外壳和气流摩擦所生的热量可使其温度达几千摄氏度，升华物质挥发可带走部分热量，同时有机质分解形成隔热并有抗激光穿透能力的微孔碳化层，从而使火箭外壳耐高温。⑤防中子弹涂料，以镉、硼为主成分的有机树脂，加氧化铅等为填料，可防止中子射线及 X 射线。⑥多功能温控涂料，为吸收红外线的高硅氧玻璃体，用于回收卫星。

知识点

树　脂

树脂一般认为是植物组织的正常代谢产物或分泌物，常和挥发油并存于植物的分泌细胞，树脂道或导管中，尤其是多年生木本植物心材部位的导管中。由多种成分组成的混合物，通常为无定型固体，表面微有光泽，质硬而脆，少数为半固体。不溶于水，也不吸水膨胀，易溶于醇、乙醚、氯仿等大多数有机溶剂。加热软化，最后熔融，燃烧时有浓烟，并有特殊的香气或臭气。分为天然树脂和合成树脂两大类。

延伸阅读

家装涂料的危害

提到涂料必然想起"甲苯、二甲苯、环保"等代名词。给大家简单介绍一下涂料的毒害性。

1. 乙二醇醚及其酯类溶剂涂料。专业人士表示，这类直接对人体有杀伤作用，人只要长期接触，重的都会让血液、淋巴受损，更严重的对生殖系统也有巨大危害。

2. 带氨基漆的涂料。据了解，如果使用这种涂料刷门、刷窗，路人行过都能闻到，有时熏得人头会晕，眼睛不开，危害显而易见。

3. 一些防腐蚀涂料。据业内人士介绍，有时会要求带一些额外功能，比如船舶使用的涂料，因要求杀海藻的，从而不得不加入一些有毒物质，如加入重金属物质，能长期毒害一些靠近的工作者。

4. 带溶剂甲苯的涂料。这种不会让人短期发觉的，而是接触久性的，慢慢积累毒素，从而身体出现不适，有一种哑巴吃黄连的感觉，等我们积累多了发现问题时，那可就晚了。

这么多的涂料都有毒，那我们到底该选那一种涂料呢？这确实是件头疼的事儿。我们也许能够做的是：一不要过于追求华丽的效果，选择一款品牌的涂料，把危害降到最低；二是选择一款纯天然的涂料（EGESE 木蜡油、木油等）。

黏接材料里的化学

1. 化学组成和作用机制

用黏结材料包括通常的胶黏剂和胶条（它们均简称为胶），是靠界面作用把不同物料牢固黏结的一类物质。

（1）分类及一般组成。①分类，按化学特征可分无机胶（如硅酸盐、磷酸盐、硼酸盐系列）、有机胶如天然胶（动物胶、植物胶）及合成胶如热固性、热塑性树脂及橡胶型系列；按应用则可分为粘金属、软材、塑料、橡皮、织物、纸制品、日用品及特种材料胶等。②一般组成，包括黏料，即其主要组分有黏附性者；溶剂，使黏料及其他辅料分散的介质，成液态有利于扩散；添加剂，用以改善胶料的性能，包括固化剂、增塑剂、增黏剂、着色剂、防腐剂等；载基，胶条和胶布的片基。

（2）作用机制。胶黏作用是由于：①相溶和扩散，组成相近者相溶，如两块冰压在一起久而形成一体；组成不同者亦可扩散，如金与铁经强压，可彼此渗透。②黏附力，胶黏剂与被粘物在黏附界面上存在各种作用力，如吸附作用（分子间的力）和化学键合作用（原子间的力）等。③镶嵌两个固体表面是凹凸不平的，如将一种能湿润固体表面的液体渗入两个合拢的固体表面之间形成一层液膜，再将液体固化成具有一定力学性能的固体，于是两个固体就被固化了的液体通过锚钩或包结作用连结起来，这就是胶黏剂的镶嵌，对纸张、织物、皮革等这种作用非常显著。

2. 常用的胶黏剂及黏接要点

（1）日用胶黏剂，指通常的家庭用胶，主要有：①糨糊和化学糨糊，一般糨糊由面粉在开水中分散制成，外加少许防腐剂（水杨酸、苯酚）、防干剂（甘油）和香料；化学糨糊系乙烯—乙酸乙烯共聚物（EVA）或低分子量的聚乙烯，多用于无线装订。②胶，品种甚多，常用的有乳胶，又名白胶、木工胶，系聚乙酸乙烯酯，可用水稀释，适于黏合木料；万能胶，系脲醛或酚醛树脂，用于黏结硬物如胶合板，瞬干胶如 501 胶（聚丙烯酸酯）、502 胶即 α - 腈基丙烯酸 Z 酯，有亚硫酸盐做阻聚剂（在空气中氧化时即聚合），可溶于乙醇和丙酮，通用性好；环氧树脂胶，取 7 份环氧树脂、2 份丙酮和 1 份乙二胺，再掺入少量二氧化钛搅匀即得胶水，适于黏合瓷器、璃璃等，也可用于金属和这些非金属材料的黏结，凝固甚快，其固化速度与乙二胺用量有关，如加入苯二甲酸二丁酯为增塑剂，则应用更方便；阿拉伯胶，将 20 克阿拉伯胶溶于 30 毫升热水，冷却后加 30 克熟石膏粉搅成稠浆汁，适于黏合玻璃制品；糖胶，取市售糨糊 100 克加 15～20 克白糖粉，微热拌匀即得，适于各种软料如纸和塑料的胶结；黏鞋胶，即氯丁胶或聚氨酯胶；黏袜胶，苯酚或甲酚的三氯甲烷溶液，适于补尼纶丝袜，

补车胎胶，天然橡胶的有机溶剂（汽油或乙酸戊酯）溶液，防油胶，水玻璃黏接瓷、玻璃。

（2）特种胶黏剂有：①宇航用胶，要求耐高温（飞船在进入大气层时任何金属部件都会被高速气流摩擦生的热熔化）、耐低温（星际间是超冷的）、在高真空下不挥发和抗强烈的离子辐射，包括抗中子弹等，常用聚酰亚胺、聚苯并咪唑、聚喹噁啉、聚氨酯以及有机硅胶，其中有机硅类密封胶用途最广。②船舶用胶，要求

天然乳胶枕头

防海水浸蚀、吸声（潜水艇）、减震，主要材料有聚硫橡胶、硅橡胶和丁苯橡胶制成的胶剂。③电子用胶，做绝缘、浸渍和灌封材料以及导电、真空密封、光刻（制备微电路）之用，基质为环氧树脂、酚醛、有机硅、聚酰亚胺等再适当改性。④生物组织胶，1986年报道前苏联科学院彼德罗夫院士发明了黏合生物组织的胶。"把一头狗的肝脏切开，正在大出血，用一个像手枪那样的注射器，把生物胶注射到裂口处，一层白色的透明膜立即把裂开处黏结，只需5秒钟"。由于高压高速喷射，故无痛感，其成分尚未公开。⑤高温黏接剂，系金属氧化物和磷酸及磷酸盐的高温熔融物，适合黏结金属及金刚石钻头、钢及陶瓷刀具等。常用的配方是将100毫升浓磷酸（85%）加5~8克氢氧化铝，热至200℃~240℃即得甘油状黏稠液，另取2.5~4.5克氧化铜加1毫升黏稠液，边滴边搅和至呈黑丝悬挂状即可用。⑥铝材用胶，解决了铝材难以焊接的问题，本品系硅橡胶黏接剂，用两种硅烷偶联剂做复合交联，不需要外加催化剂，在固化前是黏状物，隔绝水分时稳定。与空气中水分接触即聚合成弹性体，将铝材黏结。⑦航空用胶，系酚醛-氯丁、酚醛-缩醛、酚醛-丁腈结构胶，可用于直升机、歼击机、运输机上代替铆钉，疲劳寿命延长4~5倍，强度提高10%~20%，重量减轻15%，成本降低10%~20%。

（3）黏接注意点。为了胶黏牢固，应注意：①加入适当溶剂使胶黏剂充分润湿被黏物（接触角小于90°），并使黏度适中，便于操作；②优化凝固条件固化过程涉及溶剂挥发、乳液凝聚及化学催聚（如α-氰基丙烯酸

酯在常温下由阴离子加速聚合和固化），为防止胶黏剂在固化时体积收缩变形，有时需添加无机填料如氧化硅、氢氧化铝等；③表面去污，除净表面的污物、浮尘、氧化膜，务求露出被黏物的高能表面，增大接触面积；④表面化学预处理，改变表面化学结构，例如通常聚四氟乙烯表面呈惰性，不与胶黏剂作用，但用钠—萘—四氢呋喃溶液处理时，其部分氟原子被"拉"掉，形成碳层，从而有黏结活性。

知识点

乳　胶

乳胶泛指聚合物微粒分散于水中形成的胶体乳液，又称胶乳。习惯上将橡胶微粒的水分散体称为胶乳，而将树脂微粒的水分散体称为乳液。以乳胶为原料制成的制品称乳胶制品，常见的如海绵、手套、玩具、胶管等。乳胶可分为天然、合成和人造3类。

延伸阅读

玻璃胶的使用方法

1. 使用：单组分硅酮玻璃胶即时可以使用，用打胶枪很容易将它从胶瓶内打出，并可用抹刀或木片修整其表面。

2. 粘住时间：硅酮胶的固化过程是由表面向内发展的，不同特性的硅胶表干时间和固化时间都不尽相同，所以若要对表面进行修补必须在玻璃胶表干前进行（酸性胶、中性透明胶一般应在5~10分钟内，中性杂色胶一般应在30分钟内）。如果采用分色纸来覆盖某一地方，涂胶后，一定要在外皮形成前取走。

3. 固化时间：玻璃胶的固化时间是随着粘接厚度增加而增加的，例如12毫米厚度的酸性玻璃胶，可能需3~4天才能凝固，但约24小时内，已有3毫米的外层已固化。黏接玻璃、金属或大多数木材时，室温下72小时

后就具有 20 磅／英寸的抗剥离强度。若使用玻璃胶的地方部分或全部封闭，那么，固化时间则由密闭的严密程度决定。在绝对密闭的地方，就有可能永远保持不固化。若提高温度将使玻璃胶变软。金属与金属黏合面的间隙不应超过 25 毫米。在各种黏接场合，包括密闭情况下，黏接后的设备使用前，应全面检查黏接效果。酸性玻璃胶在固化过程中，因醋酸的挥发会产生一股味，这种味将在固化过程中消失，固化后将无任何异味。

4. 黏接：①将金属及塑料表面完全擦净，去油污，然后除了塑料先用丙酮漂洗全部表面外，橡胶表面应用砂纸打磨，然后用丙酮擦。使用丙酮时请遵守使用该溶剂的注意事项。②将玻璃胶均匀涂在准备就绪的物体表面上，如果是将两个表面黏接起来，可把一面先找位置放好，再用足够的力挤压另一面以挤出空气，但注意不要挤出玻璃胶。③将黏接的装置置于室温下，待玻璃胶固化。

5. 密封：将硅酮玻璃胶用于密封的场合，也同样按照上述几个步骤进行，将玻璃胶用力挤入接合面或缝隙中，使玻璃胶与表面充分接触。

6. 清洁：玻璃胶未固化前可用布条或纸巾擦掉，固化后则须用刮刀刮去或二甲苯、丙酮等溶剂擦洗。

电池、磁带中的化学

一、电池

电池是利用氧化还原反应即电子转移反应，由化学能转变成电能从而产生电流的装置，又称化学电池。在这种装置中，化学反应不经过热能直接转换成电能，若反应不可逆或不能再生者称为一次电池或原电池，如通常用的干电池；若反应可逆，由外部供给电能可再生者称为二次电池或蓄电池，如铅电池等。

1. 原电池

原电池的特点是水电解或放出气体，因而需用去极化剂将气体除去，所以反应不可逆，待电极材料或反应物之一耗尽，电流即降低，最终无法再用。这类电池轻便，用途甚广，种类亦多。主要有：①空气电池，分干湿两种，均以锌为负极，活性炭吸附空气中的氧（连炭棒）为正极；电解质为氯化铵或氢氧化钠，用淀粉黏成糊状者为干型，保持溶液状态者为湿型，其特点是提高了电池效率，由于正极电阻减小，容量较锰干电池高40%~50%，重量却减轻30%~40%；适于做电话交换机及交通信号（铁路）电源。②锰干电池，锌为负极、二氧化锰连接炭棒为正极，以氯化铵为电解质，1868年发明后屡经改进，沿用至今，氯化铵液以纸、棉或淀粉胶黏不漏，锌电极呈圆筒罐状，和二氧化锰密切接触的炭正极位于中央，用火漆封固成干电池，通常为1.55伏；在电解质中加入氯化锌，分隔成若干层成为积层干电池，体积更小，重量轻，材料利用合理，电压因串联而提高，适于通信。

2. 蓄电池

电化学反应中没有气体放出，无需去极化剂，可反复充电、放电，主要有：①铅蓄电池，负极为海绵状铅，正极为二氧化铅（连炭棒或其他导体），电解液为硫酸。隔离板用耐酸、耐氧化、不溶出有害物质的绝缘材料制成，电槽多用具铅衬里的塑料加工，长期以来浓硫酸的漏溢及腐蚀有碍该类电池的方便应用，近年改用硅胶将酸稠化，克服了此缺点。②小型燃料电池、铅电池是大容量稳定电池，可反复充电1 000次以上，主要用于汽车及各种需稳压直流电源的仪器。③碱蓄电池，早年使用者为爱迪生电池，以铁为负极，正极为氢氧化镍—镍，以氢氧化钾为电解质。现今多用镉代铁为负极，其特点是可在 -20℃ ~45℃应用，并且经久（7~25年）耐震。

太阳能电池板

3. 高科技电池

近年为适应军事、气象、医疗等各方面特殊需要提出的，主要有：①耐寒干电池，在锌—锰电池基础上用氯化钙、氯化锌、氯化铵或氯化锂以至有机胺为电解质，旨在提高电导和降低凝固温度；适用于边防、极地、火箭、气象观测等

部门；新型品还有二氧化铅—高氯酸电池、银—锌电池、镁—银（铜）电池等。②耐热电池，主要有汞干电池，亦称 RM 电池（以发明者 Ruben 及制作者 Mallry 的首字母做商标），以锌为负极，氧化汞—石墨为正极，氢氧化钾—氧化锌为电解液，两极间的隔离胶质为羧基甲基纤维素、聚苯乙烯及多孔性聚乙烯醇膜等，该电池的特点是可耐100℃高温，容量大，电压波动小（1 年只降低 5%）；适用于火箭、人造卫星。③充电电池，主要有镍—镉电池及银—锌电池，以相应的金属及其氧化物（制成粉末或黏稠状物）为正、负极，氢氧化钾为电解质，其特点是形状小，重量轻，性能稳定，其容量为普通电池的 20 倍以上，可充电 1 000 次以上，适用于电视摄像机、通信及水下电器及空间飞船的供电需要。④燃料电池，在碳膜上布满铂粉做催化剂，通入氢气和氧气平稳反应，既得电流，又得净水，已装备于阿波罗飞船上，也可以通入石油气或其他燃料气，同时鼓进空气，在铂催化下得到电流，尚处于研究阶段。⑤微型电池，主要是锂电池，是 20 世纪 70 年代发展的新型化学电源，可用做心脏起搏、生物遥控监视器、手表及计算器等的电源。以锂为负极，各种锂盐的惰性非水溶剂（环酯、酰胺、三氯氧磷）的溶液为电解质，锰、钢、铋、铅的氧化物、碘等为正极；可做成扣式、圆柱形或薄币式；其特点是供电连续，长时间（3~5 年）不间歇，电流很小（微安—毫安量级），电压稳定，使用温度范围宽广（-50℃~60℃）。⑥太阳能电池，用硒光敏元件将太阳能直接转化为电能，关键在于膜的效率。目前用镉—硒和镉—碲膜接受光照，效率已由 1% 提高到 10%，问题在于不稳定，对表面涂层的性能了解不够，有待表面化学的进一步发展。

二、磁带

磁带主要有录音、录像磁带及计算机软盘，均用化学纤维片基涂布磁性材料制成，其质量取决于磁性物质的物理及化学性能，曾风靡一时的是录音磁带。

1. 磁性材料的化学特征

物质的磁性是由于组成该物质的晶格存在自旋平行的电子（这些晶格称为磁畴，相当于一个小磁铁）。常用的磁质主要有 4 种：①钴改性型，20

录音磁带

世纪 60 年代中期起，微型化录音录像要求高性能的盒式磁带，于是需用高矫顽磁场强度材料，主要有钴改性的氧化铁，使 Co^{2+} 部分取代 Fe^{2+}，通常含钴量达 10%，其化学组成相当于 $Co_xFe_{3-x}O_4$，其特点是使 γ - 氧化铁的磁热稳定性和钴的高矫顽磁场强度均得到保持；②金属铁、钴、镍及其合金，最早用的磁带材料，迄今亦用于普通录音带；③γ - 氧化铁型优点是化学稳定性和热稳定性好，磁性随温度变化小，因而耐长时间应用，适于制作录像带及高级录音带；④氧化铬型，主要含二氧化铬，于 20 世纪 70 年代问世，适于用做电子计算机软盘，因含有四价铬，在化学上是亚稳态，但磁化稳定、性能优异。

2. 磁带的功能参数

各种磁带的应用性能即显示强度、稳定性和耐久性，取决于某些物理参数。①居里温度指磁质因自旋的热运动而失去磁化作用并变为顺磁性的温度，此值越高越好；②矫顽磁场强度指使磁性涂料彻底退磁所需的外加磁场强度，也可作为涂料抗退磁能力的量度，即保留已接受信息的能力，此值应适当，太低易于退磁失去信息，太高则旧信号不易洗掉；③剩余磁感元是指用外加磁场使磁质的磁性饱和，然后关闭磁场保留下来的磁化作用强度，此值越高显示的录音信号越强即越灵敏，涂层可越薄。

3. 磁带使用的有关问题

①夹音，即其他声音窜入的现象又称复印效应，由于磁带缠得过紧，长期存放不用使磁带各层间相互磁化所致。防止办法是磁带应以正常速度录、放后保存，不宜快进或倒带后搁置，否则将会缠绕过紧，隔一段时间应录、放或重绕以防粘连。②失真甚至失音或失像，这是由于外加磁场使磁带消磁所致，故磁带不宜置于强磁场，如电视机、马达、冰箱等附近。③老化，由于磁带的带基、带盒、卷带盘都是塑料制品，易受热或光照而

老化变形，存放时应避热、光、潮、污。

知识点

心脏起搏器

心脏起搏器就是一个人为的"司令部"，它能替代心脏的起搏点，使心脏有节律地跳动起来。心脏起搏器是由电池和电路组成的脉冲发生器，能定时发放一定频率的脉冲电流，通过起搏电极导线传输到心房或心室肌，使局部的心肌细胞受到刺激而兴奋，兴奋通过细胞间的传导扩散传布，导致整个心房和（或）心室的收缩，心脏的电信号使它跳动。当运行时，心脏跳动加速；当睡眠时，心脏跳动减慢。如果心电系统异常，心脏跳得很慢，甚至可能完全停止。人工心脏起搏器发出有规律的电脉冲，能使心脏保持跳动。

延伸阅读

废旧电池的危害

废电池是危害我们生存环境的一大杀手！一粒小小的钮扣电池可污染600立方米水，相当于一个人一生的饮水量；一节一号电池烂在地里，能使一平方米的土地失去利用价值，并造成永久性公害。在对自然环境威胁最大的几种物质中，电池里就包含了汞、铅、镉等多种，汞具有强烈的毒性，对人体中枢神经的破坏力很大。20世纪50年代发生在日本的震惊中外的水俣病就是由于汞污染造成的。铅能造成神经功能紊乱、肾炎等；镉在人体内极易引起慢性中毒，主要病症是肺气肿、骨质软化、贫血，很可能使人体瘫痪；而铅进入人体后最难排泄，它干扰肾功能、生殖功能。若把废电池混入生活垃圾中一起填埋，久而久之渗出的重金属可能污染地下水和土壤，从而进入鱼类、农作物中，破坏人类的生存环境，间接威胁到人类的健康。电池在我们生活中的使用量正在迅速增加，已深入到生活和工作的每一个角落。我国是电池生产和消费大国，目前年产量达 140 亿枚，占世界产量 1/3。如果以全国约 3.6 亿个家庭，每户每年用 10 枚计，消费量已是 36 亿枚。若加上集团消费，每年"涌现"上百亿枚废旧电池当不在话下。这些电池若未得到妥善处理，将直接或间接地危害人们的身体健康。实施并倡导废旧电池分类收集活动为越来越多的人们所认识，并得到越来越多的重视、支持和参与。

▌▌▌ 首饰中的化学

装饰品主要有宝石和首饰、古文物和收藏品，及其他室内装饰物。

1. 首饰

首饰主要是金、银及仿造品，用做耳环、项链、戒指及手镯等，识别赝品是一个大问题。

（1）化学特征。通常有不同纯度的金、银合金及镀金或其他精致加工品，主要的有：①金制品，金耐腐蚀、色泽好、柔韧，美观且便于加工和配戴，是通用的货币本位，保存价值极高。实用饰品多用其银、铜或镍合金，较纯金硬，常用 K 做单位表示其成色，每 1K 相当于 4.167%，纯金为 24K。我国发行的纪念币为 22K，即 91.67%，金项链 18K，含金 75%。②镀金及模拟品，常用的有铜基喷金或金的铜、镍合金，用它们制成的唱片十分名贵。如 1977 年为了寻找地球外智慧生物，宇宙飞船携带耐腐蚀、有一定硬度的喷金铜唱片，唱片录有包括汉语"你好"在内的 60 种语言的礼貌语和包括我国古典名曲《流水》在内的 27 首世界名曲。还有铱金，由铱、锇及镍、钨制成的合金，亦极耐腐蚀，且柔韧适宜。仿金，是近年来用氧化锆、氮化钛等通过精细表面加工技术获得的制品，成色好，经久耐磨，足以乱真。③锻制品，作用与金相似，呈耀眼的白色，但较易受空气中二氧化硫、硫化氢的腐蚀而发污或变黑，可浸泡于定影液（硫化硫酸钠水溶液）中使之还原。银及其铜合金制成食具，用于古代宫廷中。④化石饰品，远古的生物化石经过切、雕、琢、磨后制成戒指、项链。由于年代久远，且有形状各异而又栩栩如生的小虫裹在透明、晶莹的玉质中，极为

珍奇，主要有天然琥珀、百合玉、珊瑚、煤精等制品。

（2）选择及防护。由于首饰名贵、高价，故市场上赝品亦多。①鉴别，通常由颜色的纯正可判别杂质情况，如钻石白色透黄则杂质多，放在手上可见掌纹则为赝品。因真钻石反光面多，闪光而不透明；金、银纯品柔韧，密度大，其他合金制品硬脆质轻。②防护，由于汗渍及空气、水分的长期作用，饰品容易被氧化失去光泽，一般情况下可用酒精溶液拭亮。对于纯金的贵重饰器可用由食盐、碳酸氢钠、漂白粉和清水配成的清洁液浸泡约两小时后漂洗即可去污渍，在含酸气的实验室里，不宜配戴金属饰品，因它们均不耐酸蚀。

2. 宝石

宝石指符合工艺美术要求的天然产物和类似的人工制品，是重要的饰物。

（1）化学特征。①化学稳定，宝石在加工成饰用品后遇酸、碱、水及大气均无反应，且经久耐用。②化学成分，金刚石亦称钻石，主成分为碳，加工后的钻石有特定的晶形，尚含 0.05% ~0.2% 的其他元素，杂质呈特有的颜色如铬（蓝色）、铝（黄色）等，红、蓝宝石俗称刚玉，主成分为氧化铝。杂含铬（4%，在晶格中取代铝原子）为红宝石，含铁及钛者为蓝宝石，含铀、钴、镍者则呈绿色。绿柱石，又称祖母绿，主成分为铍铝硅酸盐 $[Be_3A_{12}(Si_3O_{18})]$，还杂含钾、钠、钙、镁、铁、锂、镍、钒、铬等，还包括绿宝石、海蓝宝石等，其中以祖母绿最为名贵。其他硅酸盐类有翡翠（别称硬玉，主成分为硅酸铝钠）、玛瑙（钙镁的硅酸盐，为雨花石中之优者），此外还有水晶（结晶晶莹的珍珠的二氧化硅）。有机质宝石中主要有琥珀，为远古树木的树脂松香化石，是有机混合物。珍珠，由珍珠角质和碳酸钙组成，生长于浅海处的贝壳内。珊瑚，沉积于海洋软体生物上的碳酸钙。

海底的红珊瑚

（2）实用功能。①装饰或保值。通常宝石均具有稀奇、光泽色散好、有保存价值，是财富的标志（与黄金及其他货币等价），如钻石被称为"宝石之王"，它与红宝石、蓝宝石、祖母绿合称四大珍宝，祖母绿则以其美丽之翠绿色被称为"绿宝石之王"。有的还带有宗教色彩，如玛瑙、珍珠、珊瑚与金、银、青金、砗磲（一种饰用贝壳）合称佛教七宝。②作为硬零件，利用某些宝石坚硬（金刚石硬度 10，刚玉硬度为 9）、耐磨，耐腐蚀，用做精细

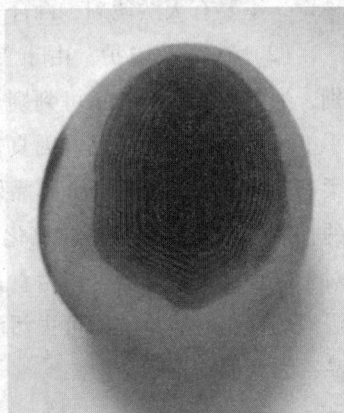

雨花石—仙人指上螺

仪表如钟、表中的轴承，泵中的活塞的柱塞，还可制作唱机用的唱针。③激光器的部件。

（3）人造宝石制法。主要有：①热液法，在高温高压下，模拟自然条件从热水液中生长矿物原晶，亦称水液法。②爆炸法，在高温高压下利用气流局部快速反冲获得极高压力，使石墨晶形转变成金刚石。已用这些方法成功制作了红、蓝宝石，各种颜色的尖晶石，金红石、钇铝榴石、祖母绿、水晶，已能产生出重 5 克拉（宝石计重单位，相当于 0.2 克）以上，直径达 6 毫米的金刚石。目前力图制得更大的宝石，以获高价，1971—1989 的 18 年内，我国发现的 100 克拉以上宝石不到 10 颗，以 1977 年 12 月 21 日在山东得到的著名常林钻石最大，重达 158.786 克拉。③焰熔法，在氢—氧焰中熔化试料并使其结晶。④提拉法，在熔体中直接通过伸入的籽晶由调节温度使其部分熔化后

嵌有祖母绿的王冠

再生长，且一边缓缓拉出。⑤结晶法，高温下使试样熔化，徐徐降温使其析出良好晶形。

知识点

雨花石

雨花石是一种天然玛瑙石，也称文石、观赏石、幸运石，主要产于江苏省南京市六合及仪征市月塘一带。中国自南北朝以来，文人雅士寄情山水，笑傲烟霞，至唐宋时期达到巅峰，雅史趣事中有关赏石的佳话不胜枚举，神奇的雨花石更是成为石中珍品，有"石中皇后"之称，被誉为天赐国宝、中华一绝。

延伸阅读

琥珀的保养

琥珀首饰害怕高温，不要长时间置于太阳下或是暖炉边，过于干燥易产生裂纹，尽量避免强烈波动的温差。尽量不要与酒精、汽油、煤油和含有酒精的指甲油、香水、发胶、杀虫剂等有机溶液接触，喷香水或发胶时请将琥珀首饰取下来。琥珀硬度低，怕摔砸和磕碰，应该单独存放，不要与钻石、其他尖锐的或是硬的首饰放在一起，与硬物的磨擦会使表面出现毛糙，产生细痕。不要用毛刷或牙刷等硬物清洗琥珀。当琥珀染上灰尘和汗水后，可将它放入加有中性清洁剂的温水中浸泡，用手搓冲净，再用柔软的布擦拭干净，最后滴上少量的橄榄油或是茶油轻拭琥珀表面，稍后用布将多余的油渍沾掉，可恢复光泽。当然最好的保养是长期佩戴，人体油脂可使琥珀越带越光亮。

古文物及某些收藏品

家庭装饰品中，古文物包括各色古玩器、古字画以及各类收藏品，如钱币、邮票、火花等均有重要的观赏及收藏价值。

1. 古文物

除家藏古物及古籍外，通常古文物也包括年代久远的旅游参观展品。

（1）古文物研究，主要涉及成分鉴定和年代判别。①成分鉴定。1974年陕西临潼出土的秦陶俑兵器抗蚀层分析，发现其表面上有一致密的氧化铬层，因而具有优异的抗蚀能力，而这种用以使钢铁改性的铬盐热处理工艺，在国外应用至今不足 50 年的历史。瓷器青花色料的成分分析，用 X 射线荧光法确定我国近百件这类色料中均含钴，但锰/钴比值不同，小于 0.5者为 15 世纪以前产品，其原料可能来自中东，比值大于 3 者为 17 世纪以后产品，并且可借这类成分追溯窑源，测定同位素 ^3C、^{12}C 的比值，可探讨古人类的食物构成。由于各种植物在光合作用固定和转换碳过程中的同位素分馏作用，使得它们体内的碳同位素产生差异，据此可分为 C 植物（特定比值为 23‰~30‰）如小麦、稻米、大豆、土豆、树木及 C4 植物（比值为 8‰~14‰）如高粱、小米、玉米、甘蔗等，例如人骨中上述比值为13.5‰~16.6‰时，相当于食用了 24%~47% 的玉米。②年代判别。重要方法有：氟含量测定法，由于骨的无机质主成分为碱式磷灰石 $[Ca_8(PO_4)_3OH]$，在埋藏过程中被地下水中的 F^- 取代其 OH^-，生成更难溶的氟磷灰石，并且骨中的有机质分解，这两个因素均使氟含量增加，以此可确定骨质材料的相对年代。骨质中金属元素含量测定法，如锶含量高，说明以植物性食物为主，而且年代较早，因为通常植物纤维中锶含量较动物肌肉中高。碳 14 同位素测定法，年代越久，生物化石遗骸中的碳 14 比度越低，使近 5 万年范围内的史前考古年代的准确性有了科学依据。

（2）古文物的保护与修复。文物是人类祖先的遗产，是无法再生的宝贵财富。按化学成分古文物可分金属特别是铜器、石器，如大理石及有机物如字画等几类，也有相应的保护与修复措施。①铜器。青铜时代是远古一个重要历史阶段，因而铜器在古文物中占很大比重，主要问题是生成"粉状锈"即碱式氯化铜 $[CuCl_2 \cdot 3Cu(OH)_2 \cdot H_2O]$ 及铜绿（$Cu_2(OH)_2CO_3$）；已提出苯并三氮唑（$C_6H_5N_3$）是铜及其合金的特效缓蚀剂，将文物用丙酮、甲苯等有机溶剂和水清洗后，用 15% 该试剂的酒精溶液处理，苯并三氮唑即与文物表面上的铜形成类似高聚物线状结构的保护膜。

②石器。如大理石易受二氧化硫及其他酸性气雾侵蚀，石窟的砂砾岩受潮膨胀而风化，需要用加固剂（如硅酸钠和其他胶黏剂）渗入这类石器结构中，并且其表面用有机硅化合物处理，形成表面膜，防止进一步腐蚀。③古尸。如马王堆汉墓出土古尸在空气中由于大气、水分的侵蚀，如不及时妥善保存，则将迅速腐烂。通用的保存法仍是抽空、吸潮并举；也有用化学法的，主要是亚硫酸溶液、加硼酸或甲醛旨在保持原色及防腐，但引入了杂质。④颜色复原。古敦煌壁画中用了多种颜料，如铅白、朱砂等，它们日久由于与硫化氢或还原剂作用而变黑（生成硫化铅及其他金属硫化物或释放单质惰性金属），用双氧水喷洒，使之氧化即可复原。⑤图书。许多古籍都在变黄、变脆，特别是 19 世纪中叶以来印刷的书都在被毁坏，其原因除发霉、生虫以外，主要是造纸时用的明矾水解释出硫酸，腐蚀了纤维素，所以关键在于脱酸。近年来找到了二乙基锌是一种良好的脱酸剂，它是气体，容易透过即使是密封的书，与硫酸作用留下氧化锌和碳酸锌残渣，将生成的乙烷抽出，但二乙基锌的缺点是遇空气着火、遇水爆炸，因此要求先将图书在真空下温热 3 天，使其干燥。

2. 收藏品

出于特殊爱好，各种有保存价值的精巧物品均可收藏，大体分书画和金石两类。

（1）书画。①邮票、火花（火柴盒面图案）、糖纸、商标等其基质均为纸，收藏中存在的问题是揭取、去污、修补及保存。为防止撕坏，最好是"水揭"，将目的物浸泡于凉水中，利用遇水收缩的差异将保存品与黏附物分开，取出晾干。这类收藏品的污渍主要有油渍及印泥油，可用棉签蘸汽油擦拭除去，蜡渍则可将其夹于两张吸水纸中间，用电熨斗烫片刻即可除去。揭薄或破裂，可用硝酸纤维溶液涂于背面，待溶剂挥发后成膜即可复原；保存时为防

中国古代青铜器

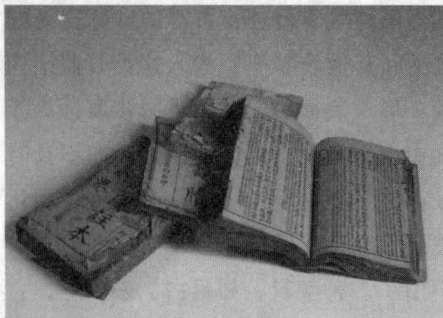

发黄的古籍

止粘连，应充分干燥；为防止返潮，宜在盒内放置爽身粉或硅胶适当吸收水分；为防霉或虫蛀，宜定期通风（但切忌日晒）并夹入防腐纸片（用吸水纸饱吸每毫升酒精含 1 克百里香酚的溶液阴干而得）。②油画通常用快干油（亚麻仁油、核桃油、罂粟油）调和各种颜料绘于布、木板、厚纸板或金属板上。陈设时应避光，以防变色、龟裂，须防潮，以防画布变形、发霉、腐烂，配置的框架色调、花饰宜与画面匹配；保存时须干透、防尘。

（2）金石。①雕塑。主成分为碳酸钙（大理石）或硫酸钙（石膏），大理石的品种很多，如"汉白玉"（纯碳酸钙）、"东北红"（含钴）、"紫豆瓣"（含铜或锰）、"海涛"、"艾叶青"（含铁）等，硫酸钙在吸水后变成含结晶水的生石膏而硬化成型。一般雕塑品以洁白素净为美，切忌用湿抹布揩擦，不宜沾上汗渍油污，如有油垢可用肥皂水加少量氨水浸泡去除；如斑块渗透很深，可挖去外部后用水调合石膏粉填补，干后砂平；如色调仍不一，可将全像加涂一层稀石膏水，办法是取 30 克生石膏，溶于 1 000 毫升清水中充分搅拌，然后将雕塑品浸入，数分钟后取出，用清水冲洗两遍，风干即可；如不慎断损，可按下法修复：取少量熟石膏粉调入适量鸡蛋清，搅拌成浆状，均匀涂在断面上，黏合、扎紧、固定后待完全干燥即得。②古钱币、兵器（刀、箭），主成分为铜合金及银，收藏中的共同问题是生锈、倒光，原因是生成氧化物（氧化铜）、硫化物（硫化银）、水合物（铜绿、碱式碳酸铜、铁锈、氧化铁、碱式碳酸铁）等。应将它们保存于干燥处，研究表明在绝对无水的空气中，即使是活泼的铁放几年也不会生锈，因此在放置这些珍品的盒中应放些脱水硅胶；如已发黑，可用蘸少许醋酸或氨水的棉球在表面揩擦以除去氧化层，也可用 1% 的热皂液搓洗后用硫代硫酸钠溶液将其湿润再拭净，即可使之锃亮如新，还可用氢氧化钠与铝或锌与稀硫酸生成的氢气使氧化物还原，待干净后涂油或塑料膜。③纪念章、印章、标牌，这是一类金属和瓷质的制品，也有竹、木制品的。

金属制品中主要是铜质者易生铜绿，铝质者易生黑斑（由于铝中含某些金属杂质，日久遇空气中硫化氢等作用而成）；竹、木质者易受虫蛀生成粉末，最终破坏原件。保存时应注意干燥，用纸或布包妥后放入盒中，盒中宜放防腐如萘丸等。④其他收藏品种极多，著名者有砚台、雨花石、钮扣等。砚为文房之宝，为高级艺术品。唐元结砚，现藏台北。宋有米芾砚、岳飞砚，均镌有铭文，如岳飞砚背镌"持坚、守自"字样，体现主人的高尚品格。

（3）照片。这是一类重要收藏品。①化学特征。用涂布溴化银的透明纤维膜（胶卷）和纸（照相纸）经二次曝光、显影和定影而得，第一次成像于膜为负片（底片），第二次成像于纸为正片（照片），由涂层乳剂的色料决定照片的颜色。曝光时溴化银分

中国古代名砚

解生成银颗粒，构成"潜影"，即"看不见而又能被显出的影像"，显影是潜影在还原剂即显影液（由对苯二酚与米吐尔加亚硫酸钠为保护剂及硼砂为缓冲剂组成）作用下放大约10亿倍，从而形成看得见的实像。定影，指用硫代硫酸钠溶液的络合作用除去未感光的溴化银，以使胶卷和照片不受光的影响。彩色片则由片基加感蓝、感黄和感红3层感色乳剂组成，这些感光染料与黑白片中用的菁色染料结构相似。②收藏中容易出现底片灰雾、发霉，照片发黄、褪色等问题。底片灰雾是由于拉进拉出时和包装物或摞放的其他底片摩擦，或沾上汗渍、水渍造成的，有时还会产生折痕；处理办法是用酒精轻轻擦洗油污，再用氨水揩拭底片的正反两面，使底片药膜膨胀，徐徐晾干后收缩，灰雾及轻度折痕即可消除，宜用软纸隔开包好。发霉是由于手摸底片留下蛋白质及油污，存放处潮湿，显影定影后未洗净，残留物使片基起化学作用，致霉菌繁殖；消除办法是将底片水浸15分钟使霉斑松动，重复显影、定影过程使霉质除去，在水中用棉轻擦去污，最后在5%醋酸中过一遍，水洗净晾干。照片发黄的主因是定影液温度过高（释出硫，生成硫化银）、过浓（浓度超45%时对卤化银的溶解作用减弱）、

过期（硫代硫酸钠分解成亚硫酸盐、硫酸盐，生成相应的银盐斑渍），纸中的色素由于存放时漂白剂的失效而复泛，克服办法是改善定影操作并充分洗净，用稀的双氧水浸泡漂白。退色是由于色素在空气中水分和氧气的作用下分解，乳剂被紫外线作用进一步使色素变质而使彩色平衡破坏，为防止退色应使照片避光直照。不论正、负片，由于片基为纤维，均应保存于阴凉干燥处以防受潮膨胀变形，最好放硅胶吸水，应防虫蛀，保存盒内放防腐剂和杀虫剂，摸底片及照片最好戴纱手套或隔一层细绸以避油污及汗渍；影集不时翻动，以防黏结。

知识点

X 射线荧光法

X 射线荧光法是用放射性同位素做激发源，照射待测样品，使受激元素产生二次特征 X 射线（即荧光），使用 X 射线荧光仪测量并记录样品中待测元素的特征 X 射线照射量率，从而确定样品的成分和目标元素含量的方法。方法的特点是操作简单，速度快，可以进行原位测量，在现场获得目标元素的含量；划分矿与非矿的界限，代替或部分代替刻槽取样。放射性同位素 X 射线荧光测井和海底 X 射线荧光测量也得到了很大的发展。

延伸阅读

收藏品的化学维护方法

1. 防潮，纤维基纸的工艺品如字画、挂毯等易受潮而脱色、发霉，一般用加强通风即可，如房间特别潮湿（一楼的水泥地面易返潮），则可在屋角放布袋装的生石灰以吸水。

2. 防虫，及时翻晒，必要时喷药。

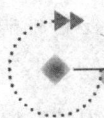

身边的化学毒物

>>>>>

从生活化学的角度来看，所谓毒物是指干扰或扰乱人体中化学反应系统的物质。虽然对生命来说，"物无美恶，过则为灾"，意思是毒性与剂量有关；但仍可根据实际危害将其分为急性与慢性两类。毒物极多，分类也复杂。从作用机制上看，毒物可分为化学毒物与生物毒物两类，前者如亚砷酸、有机磷农药，后者如各种有毒霉菌、病毒；按其性能常见的毒物可分为腐蚀性毒物、代谢性毒物、神经性毒物、诱变性毒、致癌物等。

食物腐败的原因

物资保管既是家庭生活中的重要事项，也是农业以及其他行业的大问题。由于食物不能及时消耗，必需贮存和加工，主要是指食物的防腐。食物腐败的主要原因是微生物的作用和氧化作用，引起变质和分泌毒素。

1. 微生物作用

微生物对食品的化学作用可分为细菌作用和酵解两种。

（1）细菌作用。在合适的相对湿度（10% ~70%）和温度（25℃ ~40℃或10℃ ~60℃）以及不同的 pH 值下，细菌迅速繁殖。因为细菌是单细胞生物，不断分裂，一般每 30 分钟就能增加 1 倍。食物在室温下经过 3~4 小时，其上面的细菌数目就会十分庞大。贮存中危害食物的细菌主要是各种霉菌，它们附着于受主上，长成绒毛状物，并且分泌各种酶，可溶解蛋白质、纤维素等。因此，细菌除损坏食物外，还使衣物、书籍等发生霉变（天然纤维与丝毛是角蛋白质，比棉麻纤维抗霉变能力强，但也易发霉；人造纤维虽经化学加工，但基质未变，仍易霉变；合成纤维抗霉力强，但混纺品亦难逃霉害）。除产生异味、生蛆、食物发馊变质、衣物虫蛀粉碎外，细菌还进一步分泌病毒，如黄曲霉素、赫曲霉素以及病毒螨，导致各种病变，故发馊的食物、发霉的衣料宜彻底处置。

（2）酵解，指食物在酵素的作用下分解。生物体中原来含有多种酵素（蔬菜中尤甚），如氧化酵素、过氧化酵素、酚酵素等，特别是维生素 C 氧化酵素分布特别广，易使维生素 C 氧化失效，招致物质腐坏。①植物酵素，适温为 50℃ ~60℃，糖酵解通常生成酸，即为酸败；蛋白质酵解时氨基酸分解成胺类、酮酸、硫化氢等，难闻且有毒。这些作用都是配合空气氧、紫外线、水共同作用的。②动物酵素，屠宰或收藏甚至加工后，即使无任何外来微生物污染，肉类也会因本身的动物酵素作用而变质，其适宜温度为 40℃，但脂解酵素在 -30℃ ~15℃仍有活性，故肉、油脂即使冷藏也仍可变质，大米中亦含此酵素，久存后其脂肪酸分解，出现陈米特有的气味。

2. 氧化作用

氧化作用包括呼吸作用和大气氧化。

（1）呼吸作用。植物类食物，如谷物、蔬菜、水果等在存放期间继续其呼吸作用（吸收氧气，呼出二氧化碳），因而熟化。①调节作用，改变空气中的氧气与二氧化碳的浓度（减少前者，增加后者），可抑制蔬菜、果体的呼吸，降低其氧化分解，藉以保持其鲜度，称为充气贮藏法。②催熟作用，曾发现空气含 0.1% 乙烯时，生西红柿的呼吸作用加剧，原来要 15~20 天才成熟的，现在只要 4~5 天就可以了，生柿子的成熟期由 20~30 天缩短为 2~3 天（变红软），但乙烯易逃逸，且不安全。我国试制成功"乙烯利"（2-氯乙基磷酸酰胺）效果与乙烯相同，但使用更方便，只需把

它溶于水，喷淋在水果上即可。乙烯利之所以能催熟，是由于它能被水果吸收而释出乙烯，乙烯催熟的机理尚未有定论。

（2）大气氧化作用。大气氧是破坏脂肪、糖、蛋白质、维生素的主要因素。①脂肪。氧与脂肪作用生成氢过氧化物，其机制为在链式反应过程中生成具有一个或多个未成对电子的非常活跃的游离基。温度、光线及微量金属均影响到脂肪的氧化速度。在100℃以下，空气加热发生的反应为自动氧化；在真空或仅有二氧化碳、氮气但无氧存在下，200℃～300℃的高温成热聚合；在空气中加热至200℃～230℃，形成热氧化聚合过程。除生成二聚体有致癌作用外，上述氧化作用还使油脂降解成脂肪酸、醛、酮及烃类化合物，如丙烯醛、甲基戊酮、正丙烷等，呈各种异味（变"哈喇"）。②糖。加热氧化时伴随有脱水，分解成羟甲基糠醛，进而与氨基酸作用生成褐色物，常用于酱油等的着色。③蛋白质。加热后部分变性，生化功能并未显著改变，主要是溶解度减小甚至凝固。加热破坏了鸡蛋白中的卵黏蛋白及抗生物素蛋白和大豆中的抗胰蛋白酵素及凝结红细胞蛋白，从而消除了生蛋白的毒性。但过度加热，氨基酸损失，与糖共存则损失更多。④维生素。各类维生素均在空气中加热而程度不同地遭到破坏。如维生素A对热相当稳定，但易氧化成环氧维生素A，进而分解；维生素B，油炸时几无损失，但文火炖煮，破坏可达50%；维生素C本身对热稳定，但因蔬菜中常含维生素C氧化酵素，初热时易破坏，该酵素分解后，维生素C分解减少。

知识点

乙烯利

一种有机化合物，纯品为白色针状结晶，工业品为淡棕色液体，易溶于水、甲醇、丙酮、乙二醇、丙二醇，微溶于甲苯，不溶于石油醚，用做农用植物生长刺激剂。乙烯利是优质高效的植物生长调节剂，具有促进果实成熟、刺激伤流、调节性别转化等效应。

延伸阅读

衣物去霉的方法

空气温度较大，衣物很容易发霉、长毛。空气中的霉菌遇到适宜条件，便会在媒介物上生菌。霉菌生活力很强，一般温度在25℃~30℃、相对湿度在80%以上，并有充足的氧气，便会生长繁殖。

衣物长霉后怎么办呢？在检查衣物时首先应把衣物从箱中取出，挂在通风干燥的地方。有条件的可以用电熨斗熨一下，以减少衣物上的水分。衣物挂起来要保持一定的间隔，以保证良好的通风。服装店里挂着很多衣服不发霉就是这个道理。衣服有霉变、长白毛，多因收藏前没有将衣服洗净，给细菌繁殖创造了条件。遇到这种情况，应用清水加少许洗涤剂洗，用毛刷将菌毛刷去，然后熨干，挂起来就可以避免再长毛了。发霉衣物经过处理后，还要等天气晴朗时将衣物拿到室外晾晒。一般毛料织物、裘皮服装可在太阳下晒干，毛皮衣服还需将毛朝外晒三四个小时，待阴凉后抖掉灰尘。丝绸服装不宜曝晒，应在阴凉处吹干，以免织物老化。衣物晾晒干燥后要妥善保存。在存放衣物时，可在箱内放一些樟脑丸和樟脑精块。同时，丝绸、毛皮、呢料等各种衣物最好分别存放。

梅雨季节，洗好的衣服不易晒干，常有一股难闻的霉味。若将衣服放在加有少量醋和牛奶的水中再洗一遍，便能除去霉味。若收藏的衣服或床单有发黄的地方，可涂抹些牛奶，放到太阳下晒几个小时，再用通常的方法洗一遍即可。

保鲜方法

保鲜的主要方法是针对贮存中可能发生的化学变化确定的措施和依据。

1. 化学方法

化学方法即加入化学药品或通过化学加工以保鲜或贮存，主要有：

（1）络合剂。如柠檬酸、磷酸、酒石酸、EDTA 等，可抑制微量金属元素对氧化作用的催化作用。

（2）漂白剂。用以去掉食物的杂色，兼有杀菌作用，主要有还原性的亚硫酸盐，常用于水果、糖、酒等；氧化性的过氧化氢（0.3%溶液），用于面粉、鱼肉等；溴酸钾、过氧化二苯甲酰、过硫酸铵均可用以改善面粉的保存效果。

（3）保鲜作用剂。主要用于食物和某些有重要意义的物品的保存和防腐，引起广泛的研究，通常其着眼点是：①防止细菌作用，办法是阻止微生物细胞膜透过食物或营养素，使细菌饿死；设法干扰其遗传机制，抑制细菌繁殖；阻挠细菌内酶的活性，使代谢过程如各有关循环停止，清除菌源，杀灭细菌。②洗涤功能，如德国从岩盐层中提出天然保鲜剂比奥斯蒙（含钙37.2%），实为一特殊功效的洗涤剂。③阻止腐蚀剂的作用，这类腐蚀剂通常是大气、灰尘、水分、盐及各种化学药品，办法是改善包装，如充以惰性气体等。

（4）防腐剂，亦称保存剂、抗微生物剂，市场上常见的防腐剂抗菌剂，应用于食物贮存时，其效果随食品的 pH 值、成分、保存条件而异。通常微生物在 pH 值5.5~8.0最易繁殖，故加入适量的酸使 pH 值低于5。常用的有苯甲酸及其钠盐，pH 值3.5 时0.05%溶液可阻止酵母繁育；丙酸的钠盐及钙盐，其酸性可防霉变；脱水乙酸及其钠盐，对糖类食物防霉变、防醇解效果好，对热稳定，热至120℃、20 分钟仍有抗菌作用。

（5）抗氧化剂，可防止食物腐坏。动植物原体中常含天然抗氧化剂，如没食子酸、抗坏血酸、黄色素类以及小麦胚芽中的维生素 E、芝麻油中的芝蔬油酚、丁香酚等。但食品为防腐坏常加的人工抗氧化剂是 L－抗坏血酸或其异构体，肉中添加 0.5 克/1000 克，可防肉制品变色；水果罐头中加0.03%，可防变褐；果汁及啤酒中加 0.002%~0.003%，有助于维持风味。本品为水溶性还原剂，无毒，可提高营养价值。油溶性的有丁基羟基甲苯（BHT）、丁基化羟基甲氧苯（BHA）、没食子酸丙酯、维生素 E 等，它们可以防止油脂酸败（用量为 0.005%即可），杀葡萄球菌等卓有成效。

2. 物理方法

物理方法主要有：

（1）辐射。杀菌用源强为 2 万克镭当量的 ^{60}Co，剂量为 2 兆伦琴，灭菌效率达 100%。

（2）提高渗透压。用盐腌、糖渍，使微生物体内脱水而亡，如各种腌肉，蜜饯的桃、杏等。

（3）密封罐装。1810 年阿珀特（法）发明罐头保存食物，办法是加热杀菌以后防止再与空气和其他细菌接触，有些罐头肉已保存了一个世纪以上。

（4）低温冷藏。大多数病菌和腐败菌均属嗜中温（10℃～60℃）类，10℃以下繁殖速度和活性均降低；0℃以下一般已无力分解蛋白质和脂肪，急速冷冻效果更好，如用急冻至 -30℃，啤酒酵母存活率 0.0017%，而缓冻至相同温度则为 46.4%。

（5）高温杀菌，通称巴氏灭菌法，即在 60℃～70℃处理 20 分钟或 80℃～90℃热 1 分钟，杀菌率均达 99.9%。

（6）脱水或干燥。细菌繁殖需要水分，即水分活性，与此相应食物中水含量应分别控制在 10%、20%、30%（对细菌、酵母、霉菌）以下，奶粉、干鱼、干菜、干果、粮食和面粉均应如此。

知识点

渗透压

将溶液和水置于 U 形管中，在 U 形管中间安置一个半透膜，以隔开水和溶液，可以见到水通过半透膜往溶液一端跑，假设在溶液端施加压强，而此压强可刚好阻止水的渗透，则称此压强为渗透压。渗透压的大小和溶液的重量摩尔浓度、溶液温度和溶质解离度相关，因此有时若得知渗透压的大小和其他条件，可以反推出溶质分子的分子量。

延伸阅读

细辨保鲜膜

目前市场上出售的绝大部分保鲜膜和常用的塑料袋一样，都是以乙烯母料为原材料，根据乙烯母料的不同种类，保鲜膜可分为3大类。

第一种是聚乙烯，简称PE，这种材料主要用于食品的包装，我们平常买回来的水果、蔬菜用的就是这种膜，包括在超市采购回来的半成品用的都是这种材料；第二种是聚氯乙烯，简称PVC，这种材料也可以用于食品包装，但它对人体的安全性有一定的影响；第三种是聚偏二氯乙烯，简称PVDC，主要用于一些熟食、火腿等产品的包装。这3种保鲜膜中，PE和PVDC这两种材料的保鲜膜对人体是安全的，可以放心使用；而PVC保鲜膜含有致癌物质，对人体危害较大。因此在选购保鲜膜时，应选用PE保鲜膜为好。从物理角度出发，保鲜膜都有适度的透氧性和透湿度，调节被保鲜品周围的氧气含量和水分含量，阻隔空气中的灰尘，从而延长食品的保鲜期。因此，不同食品选用不同的保鲜膜是必要的。

贮存方法

这些方法是针对某些容易腐坏的物品提出的。

1. 蔬菜和水果

蔬菜水果如由于贮存不善而变质，则增产也是一种浪费，全世界这种损失达25%~60%。通用的存放办法是10℃以下保存（因10℃以下酵素及细菌的活动减弱），但因物而异。

（1）香蕉在11℃~14℃可较耐久存放（2周），超过25℃，果肉软黑；温度过低，亦生障害变质，但可剥皮深度冷冻（-10℃）达数周，解冻后迅速食用而无害。

（2）柿可冰冻，也可在10℃~15℃时窖藏脱涩，其涩味来自无色花青素，为草本结构的配糖物，易溶于水。成熟后，气化或聚合成为水不溶物遂失涩味，其他脱涩法还有温水浸（40℃水浸 10~15 小时）、酒浸（40%酒喷洒，密封置于暖处 5~10 日）、干燥（剥皮后悬置徐徐阴干）等，旨在使花青素挥发或溶解。气体法（将生柿置于含 CO_2 50% 的容器内数日）较新颖，亦可置于含 0.1% 乙烯的容器内，实为催熟。

（3）马铃薯附有较强的马铃薯菌，贮存的适宜温度为 7℃~8℃，湿度 85%~90%，两者过低、过高均易使之发芽而毒变（生成一种微苦配糖物茄碱）；碰伤后容易变色，因所含的酪氨酸、绿原酸等受氧化酶素作用或与 Fe^{3+} 作用的缘故，还可导致空心、黑心和内部黑斑，是由于收获期过早或日光曝晒。

（4）甘薯贮存中的大问题是黑斑病，由黑斑菌从伤口侵入寄生而得，斑的组成是多酚类物质积累后经氧化产生的黑色聚合物。克服办法是保温 32℃~35℃ 及湿度 90% 经 4~6 日，使伤口及表皮干燥收缩，然后在 10~15℃ 正常贮藏（于地窖）。甘薯经蒸煮加工后变暗，干燥后表面出现白粉，即经 β–淀粉酶素作用生成的麦芽糖，久浸于水中后，甘薯硬化，这是由于细胞死后钙质通过细胞膜，在膜上形成果胶酸钙，再经水煮亦不能软化，故烹制前不应沾水。

2. 谷类

谷类在贮存中因氧化、呼吸、酵素作用，发生各种变质。

（1）小麦的显著特点是蛋白质含量高于其他谷物，且主要为麸蛋白（主要成分为麸胺酸），结构中含 –SH 键，在湿润时柔韧而黏着力强（结合成 –S–S– 桥），放置适当时间后因氧化而成团，是为发面，但捏和过久，其分子间的 –S–S– 结合转化为分子内的结合，则黏性降低，成为碎块，失去加工性能，故小麦贮存切忌受潮。

（2）稻米中含脂解酵素分解米中的脂肪，释出酸，该酸包藏于螺旋构造的直链淀粉中，阻碍米粒吸水，蒸饭时淀粉粒细胞膜不易破裂，故陈米粗硬。过高的水分促进呼吸与发热及虫害，谷温 15℃，水分 14%（75% 相对湿度的平衡成分）以下，可抑制害虫繁殖，在 20℃ 以上则否；粗米 10℃ 以下于干处密封贮存，可数年不变，但精制白米则难以久存。近年西安曾发现隋炀帝时代的谷仓，其中的谷粒仍很好。

3. 肉、蛋、乳类

肉、蛋、乳类即荤食类，其特点是蛋白质及脂肪含量高，贮存时细菌作用和酵解较严重。

（1）肉。贮藏的主要问题是控制腐败细菌的活动。通用的方法是酸化（醋渍，因酸性环境不利细菌生长，如醋泡猪蹄、香肠等）、排除空气（真空或充二氧化碳、氮气包装，以防氧化）、干燥（烘干、风干、急冻以降低水分）、腌制（盐、糖渍）、辐射等。家用香料调制法值得推荐，即用芥末油或大蒜汁涂抹鲜肉，因其中的大蒜素二烯丙基三硫化物可有效抑制细菌活动，加入其他香料还可掩盖臭味（许多香精本身亦可杀菌）。

（2）蛋。在低温下冷藏（0℃，相对湿度75%～80%）可达1年，但出库后易腐，应在1周内用完；浸入3%硅酸钠液或石灰乳中，可保存5～8个月，因该碱性溶液可杀菌，且蛋呼出的二氧化碳可堵住壳面气孔而得到保护；涂凡士林或石蜡等盖住气孔再冷藏，可防止水分损失及外界细菌侵入；用草木灰、稻壳等覆盖，置于通风良好的阴凉处亦可保存1个月；于 CO_2 及 N_2 气中冷藏，可长期存放，CO_2 可降低 pH 值，防止蛋白质自消化。

（3）水产品。鱼贝及其他动物，由于内脏最易腐坏，所以贮存时应先去除，然后尽快冷冻。鲜鱼在 0℃～1℃ 可保存1～2月（肉类为10～20日），深度冷冻（-9℃～18℃）则可达数月至半年。

（4）奶及乳制品。由于营养丰富极易变质。鲜奶1℃～2℃可保存1～2日，酸奶0℃～1℃可保存3～5日。家庭保管奶时除及时冷藏外还应注意避光，容器要密封（因牛奶容易溶解异味物），奶粉打开后应保持干燥、凉爽并迅速密封，如因吸湿而结块，则不能直接冲服，而应煮沸。

4. 茶及中草药

（1）茶宜先在通风处干燥后分装于铁盒中，如已发霉，可干炒后复原，亦可置于底部放有石灰的坛内，用布或铁丝网等与石灰隔开，利用石灰的吸湿和杀菌作用以长期贮存而不变质。

（2）名贵药材。人参、西洋参、当归、枸杞等名贵药材，由于含糖、

枸杞鲜果

蛋白质较高，易受潮、发霉、虫蛀，通常先阴干，再装入广口瓶内密封于4℃时保存；亦可在小坛内装入 2/5 左右的生石灰，然后将药材用纸或布包严捆绑后吊在瓶中；还可在缸底放半杯酒（约200毫升），盖上布，放药材后，在缸口放一小布袋花椒，封严等。

（3）大枣、肉桂等应保持色香味，将药材置于缸中，在其底部已放一层食盐的布上散开，再隔布放盐，如此交替存放，耗盐量约为药材的 10%。尚未采摘的大枣由于细盐实际上弥漫于整个缸，酵母、细菌等难以繁殖；也可以在远红外干燥箱内于 30℃ ~40℃ 烘烤 40~48 小时，取出后存于冰箱内。由于在红外线照射下，产生分子转动，使微生物细胞变性，从而达到干燥防腐的目的，在阴凉处晾干后喷约 3% ~5% 的乙醇密封，因乙醇可渗入微生物细胞膜内而使其致死。

知识点

花青素

花青素又称花色素，是一种水溶性色素，可以随着细胞液的酸碱改变颜色。细胞液呈酸性则偏红，细胞液呈碱性则偏蓝。花青素是构成花瓣和果实颜色的主要色素之一。花青素为植物二级代谢产物，在生理上扮演重要的角色，常见于花、果实的组织中及茎叶的表皮细胞与下表皮层。

酒的保存方法

1. 白酒的保存。瓶装白酒应选择较为干燥、清洁、光亮和通风较好的地方，相对湿度在70%左右为宜，温度较高瓶盖易霉烂。白酒贮存的环境温度不宜超过30℃，严禁烟火靠近。容器封口要严密，防止漏酒和"跑度"。

2. 药酒的保存。有些泡制药酒的成分由于长期贮存和温度、阳光等的影响，常常会使原来浸泡的物质离析出来，而产生微浑浊的药物沉淀，但这不说明酒已变质或失去饮用价值，但发现有异味就不能再饮用了。因此，药酒的保存期不宜太长。

3. 果酒的保存。桶装和坛装最容易出现干耗和渗漏现象，还易遭细菌的侵入，故须注意清洁卫生和封口牢固。温度应保持在8℃~25℃之间，相对湿度75%~80%左右，不能与有异味的物品混杂。瓶酒不应受阳光直射，因为阳光会加速果酒的质量变化。

4. 啤酒的保存。保存啤酒的温度一般在0℃~12℃之间为宜，熟啤酒温度在4℃~20℃之间，一般保存期为两个月。保存啤酒的场所要保持阴暗、凉爽、清洁、卫生，温度不宜过高，并避免光线直射。要减少震动次数，以免发生浑浊现象。

5. 黄酒的保存。黄酒的包装容器以陶坛和泥头封口为最佳，这种古老的包装有利于黄酒的老熟和提高香气，在贮存后具有越陈越香的特点。保存黄酒的环境以凉爽、温度变化不大为宜，通常不低于50℃，在其周围不宜同时存放异味物品，如发现酒质开始变化时，应立即食用，不能继续保存。

食物中的天然毒性

1. 食油

食油的毒性来自原油或加工过程。

（1）陈油指高温下用过的或长期存放的油。①多次高温加热后的油，其中维生素和必需脂肪酸已被破坏，营养价值已大降，由于长时间加热，其中的不饱和脂肪酸通过氧化发生聚合，生成各种聚体，其中二聚体可被人体吸收，并有较强毒性。动物试验表明，食用这类油后生长停滞、肝脏肿大、胃溃疡，还出现各种癌变。烹调时应尽量避过高温度，禁止反复多次加热，不吃街头摊贩的油炸食品。②存放过久的油，其中的不饱和脂肪酸（在玉米、棉籽、红花、大豆和向日葵油中甚丰）与空气、光、金属接触后，被氧化成有毒的过氧化物，可破坏维生素 E，不饱和成分双键断裂形成低分子量的醇、醛、酮等物质，有异味，刺激性大。即使是猪、牛等主含饱和酸的动物油，久存后亦会水解生成甘油和游离脂肪酸，进一步降解成小分子化合物，有臭味和毒性，通称变"哈喇"或酸败。为防止酸败，不宜将油久存，贮存前应充分除去其中的水分，容器密封。用深棕色瓶装油放在冰箱中，还可加些抗氧剂，如香兰素、丁香、花椒等以延缓酸败。

（2）原油致毒的食用油有：①菜籽油含有芥子苷，在芥子酶作用下生成噁唑烷硫酮，具有使人恶心的臭味，这种毒物是挥发性的，烹调时先将油热至冒烟即可除去。②生棉籽油是将生棉籽直接榨出而得，有毒物是棉酚、棉酚紫、棉酚绿，通常加热不能除去，主要症状是头晕、乏力、心慌等，影响生育（棉酚为男性避孕药）。防毒办法是将其合理加工，榨油前将籽蒸炒，然后将油碱洗，中和后再水洗。生棉籽油切不可食用。

2. 含毒的水果、蔬菜

水果和蔬菜有的含有特殊的毒素，所以食用时必须引起注意，主要有：

（1）水果中含有毒物的有：①桃仁、杏仁，含苦杏仁酸，在体内水解转化成氢氰酸，剧毒，使人痉挛甚至可致死，宜炒熟后方可食用。②荔枝，过食则乏力、昏迷等，称为"荔枝病"（中医），实为"低血糖"（西医）。因其中含 α-次甲基环丙基甘氨酸，有降低血糖的作用（但荔枝本身葡萄糖含量达66%，有丰富的维生素 A、维生素 B、维生素 C 及游离氨基酸）。③柿，空腹过量食用或与酸性食物及白酒等同食，易得"柿石"，又称"胃柿石"，妨碍消化，致胃痛。因柿中含单宁较多，有强收敛性，刺激胃壁造成胃液分泌减少，与单宁生成凝聚物的酸、蛋白质等均不宜与柿同食，

如白薯可促进胃酸分泌，亦忌配伍。

（2）蔬菜靠一般烹调仍不能去毒的有：①发芽土豆，其发绿的皮层及芽中含有龙葵素（茄碱），可破坏人体红细胞而致毒，主症状为呼吸困难、心脏麻木。办法是将芽及发芽部位一起挖去，再用水浸泡半小时以上，炒煮时再适当加醋以破坏毒素。②四季豆又称芸豆或芸扁豆，毒素为豆荚外皮中的皂素（对消化道黏膜有强刺激性）和豆荚籽实粒中的植物细胞凝集素 C（有凝血作用），症状为胸闷、麻木等。需较长时间煮透，至原来的生绿色消失，食用时无生味感，毒素方可完全破坏，切忌生吃、凉拌等。③鲜黄花，含秋水仙碱（此碱本身无毒），在体内可被氧化成强毒的氧化二秋水仙碱，侵犯血液循环系统。去毒办法是先用开水烫鲜菜，再放入清水中浸泡 2 ~ 3 小时，即可去碱。干黄花菜由于已经过蒸煮晒制，秋水仙碱已被破坏故无毒。

3. 其他食物

①河豚鱼，其内脏和皮肤中尤其是卵巢和肝中存在河豚毒素，是一种强神经毒剂，不仅可毒死人，而且可使其他食此脏器的动物如猫、犬、猪致死。我国东南沿海每年都有中毒者。1958—1959 年日本曾发生 500 例河豚鱼中毒，死亡率达 50%。克服办法是食用鲜鱼先去皮去内脏，河豚鱼的内脏和皮肤都含毒素。②烟熏鱼、肉，即通常我国南方用稻草熏制的腊鱼、腊肉（因通常在寒冬腊月食用，故名），通常含两类毒物，即黄曲霉素及亚硝基化合物。由于黄曲霉素耐热性强，在 280℃以上才分解，油溶性好；由于盐中常含有硝酸盐（各种尘土及古宅的墙壁含量多），受热时在还原剂作用下成亚硝酸盐，然后转化成亚硝胺。这两者致癌已确证。③含毒的花蜜，如杜鹃红、山月桂、夹竹桃等的花蜜中含有化学结构与毛地黄相似的物质，山月桂的花蜜不可食

杜鹃红

用，可引起心律不齐、食欲不振和呕吐，应充分蒸煮以去毒。④蘑菇，可食用者300多种，毒蘑的主要毒素有：原浆毒（使人体大部分器官发生细胞变性）、神经毒（痉挛、晕厥）、胃肠毒（胃肠剧痛）和溶血毒（溶血性贫血）4类，关键在于识别。毒蘑的主要特点有：蘑冠色泽艳丽或呈黏土色，表面黏脆，蘑柄上有环，多生长于腐物或粪土上，碎后变

毒蘑菇

色明显，煮时可使银器、大蒜或米饭变黑。⑤生鱼，淡水鱼如鲤鱼大都含有破坏硫胺的酶称为硫胺素酶，如生吃易得硫胺缺乏症（脚气病或心力衰竭而突然死亡），较长时间加热可破坏这种酶，并保留原有的硫胺。

知识点

秋水仙碱

秋水仙素是一种生物碱，因最初从百合科植物秋水仙中提取出来，故名，也称秋水仙碱。纯秋水仙素呈黄色针状结晶，熔点157℃，易溶于水、乙醇和氯仿，味苦，有毒。秋水仙素能抑制有丝分裂，破坏纺锤体，使染色体停滞在分裂中期。这种由秋水仙素引起的不正常分裂，称为秋水仙素有丝分裂。在这样的有丝分裂中，染色体虽然纵裂，但细胞不分裂，不能形成两个子细胞，因而使染色体加倍。自1937年美国学者布莱克斯利（A. F. Blakeslee）等，用秋水仙素加倍曼陀罗等植物的染色体数获得成功以后，秋水仙素就被广泛应用于细胞学、遗传学的研究和植物育种。

延伸阅读

隔夜菜要少吃

所谓"隔夜菜",是指烧熟后在常温或5℃下存放10小时以上的蔬菜。"隔夜菜可能会产生致癌物亚硝酸盐",这句话是大错特错的。因为亚硝酸盐不是致癌物,亚硝胺才是致癌物。到目前为止,还没有吃"隔夜菜"与癌症相关性的病例研究报告,连动物实验也没做过。当然,这并不是说隔夜菜没问题。隔夜菜中亚硝酸盐含量高于刚做好的菜,而且室温越高、放得越久,亚硝酸盐的含量就越高。而亚硝酸盐在体内可转化成致癌物亚硝胺,所以隔夜菜还是少吃为好。

■■■食物里的人工毒素

除食物的天然毒性外,其他毒物包括由人工药物引起和饮食加工不当的致毒物。

1. 人工药物

人工药物包括各种农药及其他化学毒物。

(1) 农药是用于除去、预防或控制害虫的化学品,包括各种杀虫剂和除莠剂等。①毒鼠药(俗名1080),是氟乙酸,自然界有些植物利用合成本品以自卫,如南非的一种草就含有致死量的氟乙酸,牛吃了就会中毒。在动物体内,它可进入柠檬酸循环,生成氟代柠檬酸,破坏了生命系统的代谢平衡,此时毒物强烈地参与竞争酶上的活性位置,从而妨碍酶的正常功能。②敌敌畏,属有机磷农药,占整个杀虫剂基本品种的70%。敌敌畏有很强的挥发性,一般制成乳剂,兼有触杀、熏蒸和胃毒作用,对人畜毒性大。主要症状为呕吐,惊厥。吸入后用水嗽口,并呼吸新鲜空气。

(2) 化学毒物。①一氧化碳,是生活中一大化学毒物,主要由煤气不充分燃烧产生,其中毒机制曾经详细研究,是由于它与血红蛋白结合能力比氧大290倍，造成组织严重缺氧，特别是使神经细胞受到损伤，因而轻者头痛、恶心，重者窒息、死亡。②多氯联苯，为黏合剂、涂料等的增塑剂、堵缝物，通过含本品的纸或塑料包装食品而致残留，可经肺、胃肠道和皮肤吸收，其主要症状是视力模糊、黄疸、麻木。1968年由于多氯联苯污染食用的米糠油而使日本一些家庭中毒，1 291人得米糠油病（严重痤疮、皮肤变色、腹痛），称为米糠油事件。

2. 饮食加工不当

饮食加工不当主要指食物保存、烹调失当引起的致病物。

（1）有害的细菌，各种食物的腐坏，如肉、蛋、牛奶、鱼、蔬菜的变质、酸臭均是由细菌的作用，当吃进大量活的有毒细菌或细菌毒素时，就会发生食物中毒。一般症状为呕吐、腹泻，重者晕厥、致命。有害的细菌主要有：①大肠杆菌，是肠道最主要的细菌群落，由人的粪便排出，通过苍蝇等和手传到食物和食具上，又未经消毒而传染致病，在旅游业发达的今天，被称为"旅游者疾病"。其特点是严重水性腹泻（多为肠炎或者痢疾）。食物烹制要充分消毒，食具应用酒精处理，用合成的止泻宁或磺胺类药物治疗。②葡萄球菌，这是最普遍的细菌致毒，因为很多健康人都是这类带菌者，涉及的食品范围极其广泛。其症状是严重的呕吐、腹泻，由于有脱水性而造成体力不支，通常在食入后数分钟至6小时发作，应饮大量水并催吐。③肉毒，毒素为肉毒梭菌，广泛存在于土壤中，如在烹调中未被杀死，则它可在厌氧条件下产生强毒素，如A型肉毒中毒，致命性严重，为眼镜蛇毒素毒性的1万倍，是马钱子碱或氰化物的几百万倍。其中毒是由于食用未充分煮熟的家制罐装肉和蔬菜（菜豆、玉米）等引起的。预防办法是充分煮烹，不食用产生气体、变色、变质的食物，扔掉变凸的罐头。治疗办法是催吐，吐尽毒物，适当应用抗毒素。④尸毒，肉类腐败后生成的生物碱的总称，主要有腐败牛肉所含的神经碱，鱼肉的组织胺毒素以及腐肉胺、骼胺和尸毒素等。尸毒是动物死后其肌肉自行消化变软，细菌不断繁殖，使其蛋白质分解而成，应严禁食各种腐肉。

（2）霉菌毒所引起的霉菌病，极为古老。主要有：①丹毒，指存在于麦角中的紫花麦角菌中毒，该毒素分布于各种黑麦、小麦、大麦中，主要症状为全身痒、麻木，长期吃麦角者则痉挛、发炎，最终手脚变黑、萎缩

并脱落。麦角中毒涉及 6 种生物碱，通常麦角是一种防止失血、治疗偏头痛的药物，但食用含量超过 0.3% 的麦类即会中毒。预防办法是谷物加工前应筛去麦角，出现症状即应用无麦角饮食调治。②黄曲霉毒素，是一类存在于霉变的谷物中的广泛分布于世界各地的毒素，中毒症状是肝损伤、肝癌及儿童的急性脑炎。第二次世界大战期间曾有流行于前苏联、乌干达、泰国的儿童急性感染中毒的报道。霉菌毒素也作用于动物，1960 年英国有10 万只火鸡死于某种神秘的疾病，其后发现惨死鸡的饲料、花生饼粉中存在大量黄曲霉素。预防和处置的主要措施是，在干燥条件下保存谷物（相对湿度应低于18.5%）及易霉变的含油种子如花生、葵花子（相对湿度应低于9%）等；紫外线辐射、有机酸（乙酸及丙酸混合物或丙酸）作用于谷物、氨气处理棉籽可使毒素失活。人或动物霉菌中毒后，迄今尚无药可治。

知识点

马钱子碱

马钱子碱，一种极毒的白色晶体碱，来自于马钱子和相关植物，用于毒杀啮齿类动物和其他害虫，主要在医学上作为中枢神经系统的兴奋剂使用。

延伸阅读

腌制食品少吃点

尽量少吃咸肉、咸鱼、咸蛋、咸菜等腌制食品。如要自己腌制，注意时间、温度以及食盐的用量。温度过高，食盐浓度10% ~ 15% 时，还有少数细菌生长；当浓度超过20% 时，一般微生物都会停止生长；腌制时间短，易造成细菌大量繁殖，亚硝酸盐含量增加。那么，腌菜时到底什么时候亚硝酸盐浓度最高？不同研究结论各异，不过有个相同的结论是：亚硝酸盐含量随着腌制时间有一个由低到高、达到峰值后又下降为低值的变化。以5%~6%盐量腌大白菜为例，腌制4天时，亚硝酸盐含量最高，5天后亚硝酸盐含量开始下降，10天后到低值。所以，腌菜宜在腌制15天后，确认其腌透了再食用。当然，由于菜的品种、腌制温度和盐量不同，亚硝酸盐含量变化不一样。一般来说，至少要到15天，最好在30天后食用较安全。

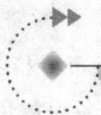

色香味中的化学

什么是美？这是一个社会科学范畴的问题，本书讨论的美仅指自然美。色、香、味都是人们所需要的，美的感受与信息的获取方式有关。大脑的信息源是人体的 5 种感官，它们提供的信息量（%）分别为：视觉 83，听 11，嗅 3.5，触 1.5，味 1。也就是说色、香、味、音，它们构成了自然美的要素。本章主要从化学的角度讨论色、香、味。实际上，景象各异的自然美，都是为数不多的天然或人工合成的色素赋予的。

天然色素

1. 天然色素

天然色素指未加工的自然界的花、果和草木的色源，主要有：

（1）血红素。为含铁的卟啉络合物，呈红色，存在于血液及肌肉细胞中。血红素常与细胞蛋白结合构成肌红蛋白及红细胞中的血红蛋白。

（2）花青素。这是氯化 3，5，7 - 三羟基香豆素的苯基上连接不同 - OH 基化合物的一类物质的总称。它们易溶于水，呈不同颜色。酸性时为红色；碱性时显紫、蓝或绿色。如和其他的物质共存，则颜色发生复杂的变

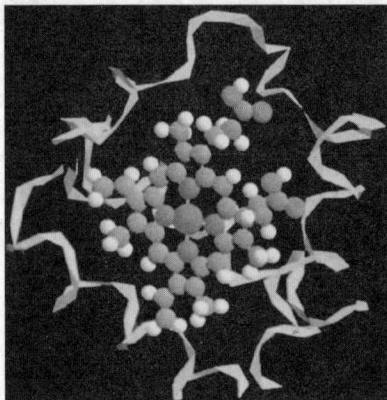
血红素结构模型

化，与单宁及黄色素一起，碱性时为深黄，遇还原剂褪为无色；氧化又复原色；与铁盐结合呈绿或暗绿色；与锡离子结合则显紫色。花青素主要存在于各种花中。

（3）黄色素。广布于植物的花、果实、茎、叶等处，多为黄色，可溶于水，系黄酮及其衍生物的总称。高粱的叶、种子、荞麦、烟叶之黄色亦源于黄色素。

（4）单宁。广布于植物中，呈棕色。茶叶中尤多，为酚类化合物，主要有焦性没食子酸单宁及儿茶酚单宁（儿茶素）。

（5）叶绿素。绿叶、未成熟果实的绿皮及蔬菜的绿色部分的色，都是由于这些植物的细胞中存在叶绿体的结果。而叶绿体是由叶绿素与类叶红素混合并与蛋白质共同形成的复合体。叶绿素则是叶绿酸与叶绿醇及甲醇组成的酯，它是镁的配位化合物（$C_{55}H_{72}N_4O_5Mg$），呈蓝绿色。

（6）类叶红素，主要存在于植物的细胞中，动物体内亦有少量。胡萝卜、甘薯、南瓜、蛋黄、柑橘、玉米、杏等，以及蟹、虾等的黄色均由于含有类叶红素。在结构上它是由左右对称的 C_{40} 与中间的 4 个异戊二烯单位连接构成。

2. 食品色素

食品色素多从天然物中提取，使食品着色。

（1）姜黄素。从姜的黄茎中提取的一种黄色色素，为含 3 个双键的羟基化合物。本品着色力、抗还原性能力强，但耐光、耐热和耐铁离子性能差。通常用姜黄粉作传统的天然食用的黄色素，但由于太辣，除用于咖喱粉外，不宜直接食用。

（2）β-胡萝卜素。由胡萝卜素中提取而得，呈橙红色，是有 9 个双键的多烯类化合物，性能较稳定，属油溶性，多用于肉类及其制品的着色。

（3）虫胶色素，是紫胶虫在其分泌的原胶中的一种呈紫红色的成分，

易和各种金属离子生成沉淀。在酸性条件下，对光和热稳定，颜色随介质的 pH 值而改变，pH 值 <4.5，显橙色；pH 值 4.5~5.5，呈红色；pH 值 > 5.5，呈紫红色。它适用于酸性食品，如鲜橘汁、红果汁、红果罐头和橘味露的着色，亦可用紫苏叶的提取汁作为这类色素源。

（4）红曲色素，系用乙醇浸泡红曲米所得到的液体红色素，或者从红曲霉的深层培养液中通过结晶精制得的晶体。该色素耐光、耐热性好，不受金属离子或各种氧化剂以及还原剂的作用和干扰，色调不像一般自然色素那样易随 pH 值而显著改变。红曲米是将籼米或糯米先用水浸泡，蒸熟，再加入红曲霉，经发酵制得的。制成的红曲米外表呈红棕色或紫红色，米内部呈粉红色。红曲米可直接用于红香肠、红腐乳、各种酱菜、糕点的制作和呈色。

（5）红花黄色素，从中药红花中提取得到，可溶于水，pH 值 2~7 时呈鲜艳的黄色，碱性时呈红色。耐光、耐盐、耐微生物性均佳，但耐热性和着色力较差，遇铁呈灰黑色。多用于清凉饮料和糖果、糕点等的着色。

（6）甜菜红，红花黄色素由紫甜菜中提取的红色水溶液浓缩而得，呈红或紫红色，在酸性条件下稳定，着色力好，但耐光、耐热、耐氧化性差。

知识点

紫胶虫

紫胶虫是一种重要的资源昆虫，生活在寄主植物上，吸取植物汁液，雌虫通过腺体分泌出一种纯天然的树脂——紫胶。紫胶是一种重要的化工原料，广泛地应用于多种行业。紫胶虫有雌雄之分，变态不同，形态也不一样，雌虫为不完全变态，雄虫为完全变态。雌虫一生经过卵、幼虫和成虫 3 个阶段；雄虫则要经历卵、幼虫、前蛹、真蛹和成虫 5 个阶段。

天然色素的使用原则

国际上对天然色素的管理并不很严格，在色素的使用上，只要记着三项原则即可畅行无阻，这三项原则为：

1. 选用国际所广泛认可的天然色素。

2. 对各国所认定可以进行调色的食品进行调色。

3. 对食品进行调色时所添加的色素量应低于最高含量的管制。例如甜菜根提取物在瑞典是允许使用的天然色素，但是却仅允许使用于特殊食品中，如糖果、面粉、糕饼及食用糖衣中，其使用量也有所限制，在食用糖衣中的用量不得超过20毫克/千克（以甜菜红计）。

人工色素

人工色素虽然品种极多，但由于对毒性、致癌性和污染卫生的要求，在生活中使用很有限，人工色素基本上作为食品加工的中间物使用。

1. 加工的中间物

（1）金属盐发色。将硫酸铜溶液喷洒于蔬菜、水果上，则铜离子与植物的蛋白质结合成较稳定的蓝色或绿色物。此时，铜离子将镁离子自卟啉环中心替换出来，形成铜叶绿素，其纯品色特别艳丽。在瓜豆贮藏品中，铜盐用量不超过每千克0.1克，海带中为0.15克。铜叶绿素还可用干燥的绿叶、蚕粪、海藻为原料，用有机溶剂提取其所含的叶绿素，加铜盐水溶液经加热后处理制得。本品主要用于口香糖、泡泡糖的着色，用量不超过每千克0.04克。如果再经氢氧化钠的甲醇溶液处理，得到蓝黑色物，是为铜叶绿素钠。上述叶绿素溶液与氯化亚铁作用，可制得铁叶绿素钠。

（2）酱色。用蔗糖或葡萄糖经高温焦化而得的赤褐色色素。它不是单一化合物，而是在180℃～190℃加热后的糖脱水缩合物，称为焦糖，包含

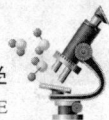

了 100 多种化合物。工业上，常用淀粉为原料制备。本品不受 pH 值变化的影响，pH 值 6 以上易发霉。

（3）腌制火腿、香肠等肉类腌制品，因其肌红蛋白及血红蛋白与亚硝基作用，显示艳丽的红色。为了产生亚硝基，常加入硝酸盐，也有用亚硝酸钠的，称为发色剂。发色剂中常混合抗坏血酸做还原剂，由于亚硝基可与肉中的胺基作用生成亚硝胺，致癌，故近年来腌制品中用得少了。通常规定腌肉、腊肉中亚硝基残留量不得超过 70 毫克/千克。

2. 合成食用色素

由于毒理方面的原因，合成的食用色素商品使用受到限制，而且不断被淘汰。

（1）靛蓝。蓝色粉末，各国广泛采用，溶于丙二醇和甘油，水溶性较差，不溶于油脂，着色力强。耐光、热、酸、碱性均好，但耐氧化还原性及抗菌性差。

（2）苋菜红。紫红色粉末，可溶于水和多元醇，不溶于油脂。有较好的耐光、耐热、耐盐和耐酸性，缺点是耐菌性、耐氧化还原性差，不适宜在发酵食品中使用。国家卫生标准规定最大使用量为每千克 0.05 克。

（3）日落黄。橙黄粉末，溶于水、醇，不溶于油脂，遇碱变红褐色；耐还原性差，还原后褪色。

（4）胭脂红。深红色粉末，易溶于水及甘油，不溶于油脂。耐光性、耐酸性好，在碱性条件下呈褐色。缺点是耐热性、耐氧化还原性和耐菌性差。

（5）柠檬黄。黄色粉末，为世界各国广泛采用，能溶于水和甘油，不溶于油脂。耐热、耐光、耐盐、耐酸性均好，耐氧化还原性较差，还原后褪色，遇碱稍变红。

以上色料我国规定使用于果味水、果味粉、果子露、汽水、色酒以及糖果、糕点和罐头等，用量一般不得超过每千克 0.1 克。

3. 其他人工染料及无机颜料

人工染料多从煤焦油染料制得，通称煤膏色素，其确证无毒者可做食用色素，一般则做衣物染料；无机颜料为铁、锰等金属氧化物，主要用做

人工色素

涂料。

关于食品以及纺织品纤维的染色机制尚未有定论。通常认为带色的物质不一定是染料，因为有色物还只有生色基，要能和纤维结合，还必须有助色团。助色团除使染料颜色加深和与纤维作用外，还因助色团带有酸性或碱性，增加了染料的溶解度，改善了染料的着色功能。纤维的酸性或碱性基团分别与染料分子中的碱性或酸性基团反应，以及氢键结合，吸附甚至氧化还原反应，都是成色或者上染的原因。

知识点

煤 焦 油

煤焦油又称煤膏，是煤焦化过程中得到的一种黑色或黑褐色的黏稠状液体，密度大于水，具有一定溶性和特殊的臭味，可燃并有腐蚀性。煤焦油是煤化学工业的主要原料，其成分达上万种，主要含有苯、甲苯、二甲苯、萘、蒽等芳烃，以及芳香族含氧化合物（如苯酚等酚类化合物），含氮、含硫的杂环化合物等很多有机物，可采用分馏的方法把煤焦油分割成不同沸点范围的馏分。煤焦油是生产塑料、合成纤维、染料、橡胶、医药、耐高温材料等的重要原料，可以用来合成杀虫剂、糖精、染料、药品、炸药等多种工业品。

延伸阅读

我国禁用的人工色素

大量的研究报告指出，几乎所有的合成色素都不能向人体提供营养物质，某些合成色素甚至会危害人体健康。人工色素的危害包括一般毒性、

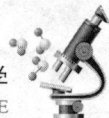

致泻性、致突性（基因突变）与致癌作用。我国禁用的人工色素主要有：

1. 柠檬黄：豌豆泥和棉花糖中含有的黄色食用色素，禁止在供 3 岁以下儿童食用的食品和饮料中使用。

2. 喹啉黄：果汁汽水和感冒胶囊中含有的食用色素。

3. 日落黄：泡泡糖和软糖中含有的橘黄色色素。

4. 蓝光酸性红：润喉糖中含有的红色食用色素。

5. 胭脂红：梨形硬糖和孟买混合小吃中含有的红色食用色素。

6. 诱惑红：水果软糖和冰棍中含有的红色食用色素。

有香就有臭

一、生活中的香源

1. 食用香料

（1）天然香料。有八角、茴香、花椒、姜、胡椒、薄荷、橙皮、桂花、玫瑰、肉豆蔻和桂皮，可直接用于烹调，也可以从中提取精油，作为调配香精的原料。这类精油有甜橙油、橘子油、柠檬油、留兰香油、薄荷素油、辣椒油以及桂花浸膏，它们大多无毒（桉叶油有致癌作用）。

我国的香料品种很多，例如甘肃省永登县苦水乡主产苦水玫瑰，是我国玫瑰花的生产基地，花香由 280 种化合物组成，其品质可与闻名世界的保加利亚玫瑰媲美；广东、福建的茉莉花香含有 80 多种化学成分；贵州的茅台酒香成分有 100 多种；口外的蘑菇香成分有 79 种；就连大米饭香也有 140 种成分。

（2）人工香料。主要有香兰素，具有香荚兰豆特有的香气；苯甲醛，又称人造

肉豆蔻

苦水玫瑰

苦杏仁油，有苦杏仁的特殊香气；柠檬醛，具有浓郁的柠檬香气，是无色或淡黄色液体；α－戊基桂醛，为黄色液体，类似茉莉花香；乙酸异戊酯，又称香蕉水；乙酸苄酯，为茉莉花香；丙酸乙酯，凤梨香气；异戊酸异戊酯，苹果香气；麦芽酚，又称麦芽醇，系微黄色针晶或粉末，有焦甜香气，虽然本身的香气并不浓，但具有缓和及改善其他香料香气的功能，常用为增香剂或定香剂。

（3）食用香精。可分为水溶性和油溶性两种，前者用水或乙醇调制，多用于冷饮制品、酒料的调香，不适宜于高温赋香；后者用精炼植物油、甘油调制，耐热性较好，适于饼干、糕点等焙烤食品的加香。从化学结构上看，各种香料组分分子量均较低，但挥发性和水溶性仍有相当差异。碳原子为5及以下的烷烃衍生物，如甲硫醚、乙酸乙酯等易挥发，水溶性亦较好，而分子量较高的芳香烃衍生物，如苯基醛类、香豆素等则较难挥发，油溶性好。这些特点拓宽了香料的选用范围。

2. 日用香料

（1）香精。指用水、乙醇或某些质地好的植物油从天然香料中提取的香物，也可以用人工合成的香物制成合适的溶液，作为各种调香的原料。其中以香猫酮、香叶醇、甲酸香叶酯为基体的香精最为重要。

（2）香料添加剂。通常直接从某种植物体中提取出的液汁赋香更为方便，例如从冬青、薄荷、柑橘、柠檬和生姜中都可提出油，芝麻榨出的油呈优醇的香味，被称为香油，均可作为香料添加成分。用黄樟树根制出的黄樟油是淡酒的主要香味源；许多花如桂花、茉莉花均是上等的香源，用于提取香料。

（3）香型。由于调香是一种专门技术，香型极多，主要有两种类型：①花香型，如玫瑰、茉莉、兰、桂等，模仿自然界各种名花的香，也有其他香型，如麝香型等；②想像型，如清香、水果、芳芳（兰花型）、东方、

菲菲（清草香型）、科隆（柑橘香型）以及美加净等，即在调香的基础上用合适的美名，强化心理效果。

二、异味

1. 生活中的恶臭

生活中的恶臭主要来自粪便、垃圾、工业排弃物等，构成恶臭污染。

（1）家禽养殖场、垃圾和粪便处理厂附近的大气中主要存在丙酸、异丁酸、正戊酸、硫化物（臭蛋和烂白菜臭）、羰基化合物（刺激性恶臭）、吲哚（粪便味强恶臭）等。

（2）饲料、肥料、服务、医药行业的动物体臭、汗臭、酸败臭，主要由二甲胺、三甲胺及各种低级脂肪胺、酚、醛、硫化氢、二硫化碳等引起。

2. 生物合成引起的异味

酶反应。食物的各类产品中存在酶体系，如大豆中存在一种含铁酶，能使豆科植物中多种不饱和脂肪酸分解，在生成的挥发物中有 2 - 正戊基呋喃及顺式 - 3 - 己醇，这就是豆油由于氧化产生腥味的原因，同时还生成更高级的微碱性的 2，4 - 二烯醇醛，氧化后具有油漆的特殊臭味。

3. 各种分解产生的异味

（1）原来成分破坏。例如将大蒜、洋葱切片时，原先的保护膜被破坏，不能挥发（及无臭）的氨基酸亚砜分解，散发一系列有臭味的化合物，如硫化氢、硫醇、二硫化物、硫代亚磺酸盐等。

（2）热分解。咖啡及烤肉特别是烤牛、羊肉特有的某种香味，为此曾进行了模拟热分解试验。葡萄糖与氨基酸加热生成吡嗪，有坚果味及烤香。三酰甘油及蛋白质在加热时相互作用，生成巯基及羟基噻吩、二氢噻吩、二氢及四氢呋喃，这些化合物有烤羊肉及烤肉的特殊香味。咖啡的香味中鉴别出的挥发性化学品超过 500 种。烤牛肉香味中已经分辨出的化合物超过 360 种，其中包括 44 种烷烃和烯、30 种醇、41 种醛、32 种酮、22 种酸、23 种呋喃、34 种吡嗪、22 种噻吩、10 种吡唑、16 种内酯等。

知识点

香兰素

香兰素是人类所合成的第一种香精，由德国的 M·哈尔曼博士与 G·泰曼博士于 1874 年成功合成的，通常分为甲基香兰素和乙基香兰素。甲基香兰素外观白色或微黄色结晶，具有香荚兰香气及浓郁的奶香，为香料工业中最大的品种，是人们普遍喜爱的奶油香草香精的主要成分。其用途十分广泛，如在食品、日化、烟草工业中作为香原料、矫味剂或定香剂，其中饮料、糖果、糕点、饼干、面包和炒货等食品用量居多。目前还没有相关报道说香兰素对人体有害。乙基香兰素为白色至微黄色针状结晶或结晶性粉末，类似香荚兰豆香气，香气较甲基香兰素更浓，属广谱型香料，是当今世界上最重要的合成香料之一，是食品添加剂行业中不可缺少的重要原料，具有浓郁的香荚兰豆香气，且留香持久。

延伸阅读

我国主要香料的分布

1. 橘属芸香科，广泛分布于浙江、福建、湖南、四川、广东、广西、云南等省。取香部位主要为果实，橘叶也可利用。

2. 玳玳属芸香科，主要栽培在浙江、江苏、福建和四川等地。取香部位为叶、花、果。

3. 柠檬属芸香科，主要分布于四川、广东、广西、云南一带，以四川栽培的尤力克（ureka）品种为最好。取香部位为果实和叶。

4. 甜橙属芸香科，主要产于广东、四川、福建、浙江、湖南等省。主要取香部位为果实的果皮，有时，叶和花也可利用。

5. 柏木属柏科，广泛分布于贵州、浙江、江西、福建、台湾、湖南、

湖北和四川等省。取香部位为主干心木。

6. 栀子属茜草科，分布于浙江、江苏、四川和广东一带。取香部位为鲜花。

7. 八角茴香属木兰科，主要分布于广西、广东、贵州、云南等省。取香部位为干果。

8. 茉莉属木樨科茉莉属，广泛栽培于广东、广西、云南、福建、浙江、江苏等省。取香部位为鲜花。

9. 薰衣草属唇形科，50年代由国外引种，现主要栽培于新疆地区，西安和河南亦有少量栽培。取香部位为花序。

10. 灵香草属报春花科，主要分布于广西、云南、贵州、四川、湖北等省。取香部位为叶。

11. 薄荷又名亚洲薄荷，属唇形科，主要产于江苏、安徽、浙江、江西、四川等地。取香部位为植株上部的茎、叶、花。

12. 留兰香又名绿薄荷，属唇形科，主要产于江西、浙江、四川。取香部位为植株上部的茎、叶、花。

13. 白兰花又名白玉兰，属木兰科，广泛栽培于广东、福建、广西、四川、台湾等地，浙江、苏州亦有盆栽。取香部位为鲜花、叶。

香和臭的化学探秘

一、香与臭的含义

成书于公元100年的《说文解字》中说，香和臭都是指通过鼻子嗅到的信息（与用舌尝到的味不同）。尽管有人将香和臭按来源进行了分类，例如德人赫林将气味分成6种（花、水果、药、树脂、焦、腐臭），兹瓦德马克将气味分成9个基群（醚香、芳香、脂香、龙涎香、韭气味、焦臭味、山羊臭、不快气味、催吐气味）等，或者按强度分级，但都带有主观性和不确定性，甚至香和臭本身就是相对的，难以定义。因而，香臭到底是什么，都是尚待研究的问题。

我国东汉学者许慎著的《说文解字》中说："禽走臭而知其迹者，犬也。"这里的"臭"字是由"鼻"和"犬"合成的；而"香"字是由"黍"和"甘"合成，指谷类熟后的香气。在远古时代，香气（善气）和秽气（恶气）统称为"臭"，其后才把善气叫香，恶气叫臭。战国时期荀子的著作《正名》中指出："香、臭、芬、郁、腥、臊、酒酸、奇臭以鼻异"，意思是用鼻子来区分香气、臭气、花草香、腐臭气、山羊臭、尿臭、狐臭、散落的醋的气味和其他特殊的臭味。这说明早在两千多年前我国人民对香臭的辨识已达到相当高的水平。时至今日，我们对这个问题也未能提出科学的定量的标度。

二、香臭与化学

因感冒而鼻塞时，食物无味，是因为在咀嚼食物时挥发出的化学品由于鼻孔通道阻塞而不能触及嗅觉细胞。这个嗅觉区的面积仅有 5 平方厘米，但有 10^7 个细胞，它们为感受食物中各种挥发成分提供嗅觉信息。

1. 香臭与化学结构的关系

（1）香料是一些易挥发的低分子量物质，它们通常具有某种特征的官能团。以含 2 个碳原子的化合物为例：乙烷，无臭；乙醇，酒香；乙醛，辛辣；乙酸，醋香；乙硫醇，蒜臭；二甲醚，醚香；二甲硫醚，西红柿或蔬菜香。此外，酯类如：乙酸、乙酯呈水果香，甲硫基丙醛呈土豆、奶酪或肉香。

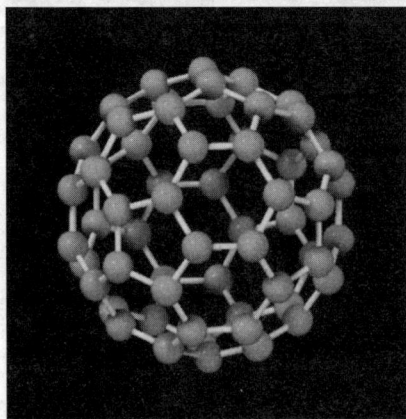

C_{60}官能团

（2）香感机制。细胞上的香臭感受器是一种蛋白质，当气态的臭物分子作用于其上时，该蛋白质分子的构象发生变化，进而引起表面电位等功能发生变化，实现与刺激相应的神经兴奋，通过兴奋的传递，神经中枢感知臭物的存在。这种接受过程中的相互作用非常专一而特殊，因此由人的知觉感受到的硫醇、乙醚、麝香等，各有不同的香臭。

香觉化学研究的困难在于：①有

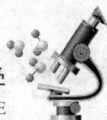

关的组分多，品种复杂；②活性大，反应能力强；③香料的化合物一般含量低；④浓缩和富集过程导致质和量的改变。

2. 香料中特有的化学成分

（1）某些食物，如芥菜或芥末，含有丙烯基芥子油；葡萄油，含努开酮；丁香，含丁子香酚；冬青油，含水杨酸甲酯；糖果，含麦芽醇；梨，含葵二烯酸乙酯等。

（2）某些调料，如薄荷，含薄荷酮；花椒，主要含戊二烯、香茅醇，其辣味成分是一种不饱和酰胺化合物花椒素；胡椒，主要成分是水芹烯胡椒碱（分白胡椒、黑胡椒）；辣椒，含辣椒素；紫苏油、蒜油、姜油含硫化丙烯；八角、茴香以及洋茴香油、苦杏仁油、小豆蔻油、芹菜子油等，含茴香脑、茴香酮等。

知识点

官 能 团

官能团，是决定有机化合物的化学性质的原子或原子团。常见的官能团有烯烃、醇、酚、醚、醛、酮等。有机化学反应主要发生在官能团上，官能团对有机物的性质起决定作用，$-X$、$-OH$、$-CHO$、$-COOH$、$-NO_2$、$-SO_3H$、$-NH_2$、$RCO-$，这些官能团就决定了有机物中的卤代烃、醇或酚、醛、羧酸、硝基化合物或亚硝酸酯、磺酸类有机物、胺类、酰胺类的化学性质。

延伸阅读

香水的原料

配制香水所用的原料数量庞大，品种繁多。香水无疑是使用原料品种最多的一门艺术。今天香水仍在继续使用数百种天然原料和数千种合成原料。名贵的原料来自世界的每一个角落，往往稀有、难得，因而价格越来越昂贵。

1. 花

茉莉。名牌香水大多数含茉莉，生产 1 千克茉莉浸膏需用 600 千克茉莉花，约合 500 万只花朵，花朵要在清晨一朵朵地采摘，产地是法国格拉斯和北非。

玫瑰。专用两个品种——保加利亚玫瑰和五月玫瑰（种于法国格拉斯）。

橙花。产地意大利和埃及。

夜来香。香气类似铃兰。

依兰。产于印度，原文意义为"花中之花"。

熏衣草。产于法国上普罗旺斯。

2. 药草

如百里香、迷迭香、薄荷。

3. 辛香料

小豆蔻原产地东南亚；姜产于亚洲；胡椒产于印度尼西亚、马达加斯加、非洲；丁香产于马达加斯加、桑给巴尔；众香子产于地中海；肉豆蔻产于菲律宾群岛、法属西印度群岛、巴西、印度。

味道中的化学

味是由舌感受到的酸、甜、苦、辣、咸等味感，是由其可溶性物质溶于唾液，作用于舌面味觉神经的味蕾而产生的味觉，可使消化液分泌旺盛而增进食欲，且易于消化，也有其他怪味。

一、酸

酸是由溶解的 H^+ 引起，阴离子无特殊味道，可称为副味。同浓度的各种酸味度：盐酸，100；甲酸，84；柠檬酸，78；苹果酸，72；乳酸，65；乙酸，45；丁酸，32。

大多数食品的 pH 值在 5~6.5 之间，似无酸感，但 pH 值 <3.0 时，则难以适口。若干食品及体液的 pH 值为：胃液，1；柠檬汁，2.2~2.4；食醋，2.4~3.4；苹果汁，2.9~3.3；橘汁，3~4；草莓，3.2~3.6；樱桃，3.2~4.1；果酱，3.5~4.0；葡萄，3.5~4.5；番茄汁，4.0；啤酒，4~5；汽水，4.5~5（CO_2）；马铃薯汁，4.1~4.4；黑咖啡，4.8；南瓜汁，4.8~5.2；胡萝卜，4.9~5.2；酱油，4.5~5.0；豆，5~6；白面包，5.5~6.0；菠菜，5.1~5.7；包心菜，5.2~5.4；甘薯汁，5.3~5.6；鱼汁，6.0；面粉，6.0~6.5；山羊奶，6.50；牛奶，6.4~6.8；母乳，6.93~7.18；马奶，6.89~7.46；米饭汁，6.7；唾液，6.7~6.9；雨水，6.5；血液，7.2；尿，5~6；蛋黄，6.3；蛋清，7~8.0；海水，8.0~8.4。

1. 家庭调料

（1）名醋。我国的名醋主要有：①山西老陈醋。产于山西清源县，用高粱和大粗制成，其特点为浓稠、黑黄色、酸、香，存放 3 年以上者更佳。②四川保宁醋。四川阆中出产，有 300 年的历史，原料为麸皮、大米并加 62 种中药材。③江苏镇江醋。有浓香味，除发酵外，还加酒及红枣酿制并着色。

（2）食醋。以粮食、糖或酒做原料，用发酵法制成，分别称为米醋、糖醋和酒醋。除含低量（3%~5%）乙酸外，还含其他有机酸、氨基酸、糖，亦有别的调料。一般用酱色着色者为熏醋。

（3）其他调料。各地均有特殊的调料，大都以酸、香为特点，兼有其他味道。较著名的有：①湖南湘潭龙牌酱油。由黄豆（100 千克）、面粉（75 千克）、盐（50 千克）混合发酵后，可提取浓度在 30° 以上的酱油 50 千克，其制作特点是发酵期间须晒太阳，使其充分自然酵解。本品已有 200 年的历史，着色力强，含氨基酸丰富，异常鲜美，为一著名赋香调料，而且颜色悦目。②贵州独山盐酸。是一种清香美味的酸性调料，并赋甜、咸、辣味，主原料是青菜，风干后使水分降低 50%，切成 3.3 厘米长。通常取干菜 30 千克，加糯米甜酒 30 千克，新嫩大蒜 5 千克，冰糖 2.5 千克混匀后压汁，在坛内密封两个月发酵变酸后即可食用。③广西玉林酸料。为玉林县的土特产，品种有酸梅酱、酸辣酱、酸萝卜、酸椰菜、牛甘子、酸梅桃、杨桃干、酸木瓜、姜糖、酸姜，系用特殊发酵方法制成。例如酸萝卜系将食盐 2 千克放入缸内，开水冲化成盐水，再将洗净不去皮、切片的萝卜 50 千克放入盐水中浸泡 3 天（夏季）或 7 天（冬季），然后取出洗净，放入另一已含冰醋酸 250 克的冷开水 50 千克中，加糖精 30 克、柠檬酸 50 克、白矾 50 克搅匀，浸泡 3~7 天后，即可启用。其固体可直接食用，液汁可做佐料。

2. 常用合成酸味料

除做重要调料外，还兼有防腐、防霉、杀菌的作用。

（1）酒石酸。酸味为柠檬酸的 1.3 倍，适于做发泡性饮料，配制膨胀剂用。

（2）苹果酸。原从苹果中提出，多用做饮料、糕点的酸味料，适于果冻，可代替食盐供动脉硬化或高血压患者食用。

（3）葡萄糖酸。味爽，熔点 131℃，做袋装营养豆腐的凝固剂、饼干的膨胀剂，须经烘烤方可发挥作用。

（4）乙酸。常用 30% 的稀溶液，做酸菜、番茄酱、辣酱油等的酸味料。纯品在 16.7℃ 凝固，称冰醋酸，有较强的杀菌力，可用于治甲癣，熏屋杀菌，预防流感及其他传染病。

（5）乳酸。常用做清凉饮料、酸乳、合成酒、辣酱油、酱菜的酸味料，又可用于发酵过程中防止杂菌的繁殖。

（6）柠檬酸。味爽，广泛用于清凉饮料、水果、罐头、果酱、辣酱油，性质稳定。多用于配制粉末果汁。

二、甜

1. 甜的化学特征

（1）甜剂。多是脂肪族的羟基化合物，如醇、醛及其衍生物，但也包括氨基酸、卤烃以至某些无机盐及络合物，如乙酸铅等。

（2）结构特点。一般说，分子结构中羟基愈多，愈甜。如 5% 乙醇溶液，已略有甜味，丙三醇较乙二醇甜；碳水化合物中能析晶的特称为糖，是主要的甜剂，其甜度：蔗糖，1.00；果糖，1.07~1.73；转化糖，0.78~1.27；葡萄糖，0.49~0.74；木糖，0.40~0.60；麦芽糖，0.33~0.60；

鼠李糖，0.33～0.60；半乳糖，0.27～0.52；乳糖，0.16～0.28。

2. 天然甜料

（1）蜂蜜。市售品是淡黄至红黄色的浓黏性透明浆汁，低温则有结晶生成而呈白浊状，为蜜蜂自花之蜜腺采集，贮于巢中备冬日食用之物。①花蜜，主要成分是蔗糖40%，水分19%。经蜜蜂口中酵素转换成蜂蜜后，较砂糖甜。②圆蜂蜜，主要成分是葡萄糖，36.2%；果糖，37.1%；

蜜蜂采花蜜

蔗糖，2.6%；糊精，3.0%；含氮物，1.1%；花粉及蜡，0.7%；灰分，0.2%；蚁酸，0.1%；其余是水分。各种成分因花的种类、风味而异。

（2）甘草。甜味的主要成分为甘草酸（$C_{42}H_{62}O_{16}$），天然物含1原子K或NH_4或相当的Ca，另含蔗糖5%，淀粉20%～30%，天冬素2%～4%，甘露糖醇6%，树脂1.5%～4%，精油0.03%及纤维等。甘草精的甜度约为砂糖的100倍，可分离提取出，也可用甘草的浸出物制成"甘草膏"。优点是不易发酵变质，可用做各种加工甜味剂。

3. 常用合成或人工甜料

（1）甜精。即乙氧基苯脲，甜度为蔗糖的200～250倍。与糖精混用，甜味因协同作用有相乘之效。它们在用量大（如0.5%以上）时，均有苦味，煮沸后分解亦有苦味，通常不消化而排出，对身体无害。

（2）蔗糖。由甘蔗或甜菜压榨制得，通常棉白糖与砂糖的区别在于前者不含结晶水，生活中常用。

（3）糖精。为人工合成的邻苯甲酰磺亚胺，甜度为蔗糖的450～700倍，稀释10 000倍仍有甜味。

4. 其他新甜料

由于糖易使人发胖，且糖尿病患者禁食，所以制出了不少新型甜料作为代用品。

（1）木糖。甜度为蔗糖的60%，由植物木质化后的细胞膜（木聚糖）经水解后制得。稻草、蔗渣、玉米轴穗、谷壳、木材下脚料均可作为其原料，不易被人体吸收，但可供糖尿病患者及高血压病患者食用。

（2）双胜（双缩胺酸）。1966年研究成功，甜度为蔗糖的150倍，由几种氨基酸合成，是一种重要的人工新甜剂。

（3）二氢查尔酮（DHC）。1963年合成，甜度为糖精的200倍，是目前已知的最甜品。其原料为柑橘类加工的副产物。

（4）甜蜜素。甜度为蔗糖的50倍，且对人体无害，由广东省中山市食品添加剂厂研制成功，系从甘草等多种中药中提取。本品属低热值甜味添加剂，既有蔗糖风味，又兼有蜂蜜馨香。性质稳定，无回潮现象，适于制作各种饮料、糖果等食品及糖尿病患者食用。

（5）异性化糖浆。已知果糖的甜度为蔗糖的1.4倍，因此企图用淀粉制成果糖，此过程称为异性化，所得产品称为异性化糖浆。1957年马绍尔（美国）提出用酵素异性化，1965年用异性化酵素生产糖浆达到工业化规模，1971年商品化。本品价廉、甜度高，不易发酵变色。

（6）麦芽糖。以淀粉为原料制得，主要成分是麦芽糖醇，甜度为蔗糖的85%～95%。

（7）山梨糖醇。在天然果实中分布甚广，除充当甜味剂外，还可用做蛋糕、巧克力糖的湿润调整剂，借以保持其鲜度，又可防止鱼类等冷冻食的蛋白质变性、水分蒸发，亦可防止面食品老化。

三、其他味道

包括苦、辣、咸及鲜味等，鲜味较重要。

1. 苦、辣、咸的化学特征

（1）苦味。主要有各种生物碱，轻者如茶碱、咖啡碱，重者如各种中草药中的植物碱（包括有机叔胺），还有－SH、－S－S－化合物。此外，橘皮中苦味来源于黄烷酮，啤酒苦味来源于啤酒花中的葎草酮，花生仁中的皂素亦有苦涩味。无机物如钙、镁的氯化物及硫酸盐、铵盐、碘化钾亦有苦味，不过因无食用意义，不被注意。

（2）涩味。在日常生活中亦常涉及，如明矾或不熟的柿子会使舌头感

到麻木干燥，柿子、绿香蕉、绿苹果的涩味均经过详细研究。1962—1978年伊藤三郎（日本）指出在这些物质中存在涩单宁，系一类多元酚化合物。在单宁细胞中存在无色花色素，其主要成分是表儿茶酸、儿茶酸－3－橘酸酯、表格儿茶酸和格儿茶酸－3－棓酸酯等4种成分，它们通过复杂反应结合成分子量为14 000以上的高分子彩元酚，具有强烈的涩味。

（3）辣味。主要有辣椒中的辣椒素，肉豆蔻中的丁香酚，生姜中的姜酮、姜酚、姜醇及大蒜中的蒜苷、蒜素，均是常用的辣味源。一般说有机化合物中含醛、酮、硫、硫氰基团者常有辣味。丙酮酸常作为辣味比较的定性尺度，每克物质含相当于丙酮酸10～20微摩尔时，呈强辣味；8～10微摩尔，中辣味；2～4微摩尔，辣味弱。

绿香蕉

（4）咸味。主要来自食盐，此外氯化钾、氯化铵及硝酸钠亦呈咸味。

2. 鲜味

鲜味在化学上与氨基酸、肽（缩胺酸）、甜菜碱、核苷酸、酰胺、有机酸有关，主要代表性物质有核苷酸、味精等。

（1）核苷酸。1959年制得，比味精鲜100倍，有鸡汁味，由一个嘌呤、一个核糖分子和一个磷酸分子组成。磷酸基团连接在核糖分子的C_5上（即第5个碳原子上）。在核苷酸类中肌苷酸、鸟苷酸、黄苷酸以及它们的许多衍生物呈强鲜味，如肌苷酸比味精鲜40倍，鸟苷酸比味精鲜160倍，特别是2－呋喃甲硫基肌苷酸比味精鲜650倍。1960年，日本在普通味精中加入5%的肌苷酸，使普通味精的鲜味大增，美其名为"强力味之素"。

（2）味精。即麸胺酸或谷氨酸的一钠盐，易溶于水，在0.003%以上即显鲜味。与食盐共存时，尤为明显，是为呈味的协同作用，当1%食盐与食盐量10%～20%的味精混合时，其鲜味提高5～10倍，亦称食盐有助鲜作用。在pH值3.2，即味精的等电点，鲜味最低；pH值为6时，本品全部离解，呈味最高；pH 值＞7，则变为二钠盐，鲜味消失。这说明结构对呈味的功能影响很大。

早在 20 世纪 30 年代味精即已商品化，但以后仍在改进其制作方法。1956 年日本生物化学家根据糖在身体内的化学反应，发明了以糖和氮肥（尿素、氨水、硫酸铵）做原料，利用细菌发酵制得谷氨酸。50 千克糖可得 25 千克谷氨酸。谷氨酸本身只有酸味，并无鲜味，其一钠盐方为味精。

（3）其他呈鲜物。不仅简单的氨基酸和核苷酸这两类化合物分子有鲜味，现在已知几个氨基酸综合起来的二肽或三肽，特别是谷氨酸与其他氨基酸连接形成的多肽也有鲜味。值得注意的是，谷氨酸与亲水性氨基酸，如甘氨酸、天冬氨酸、蓬氨酸形成的肽呈鲜味，而与疏水性的氨基酸，如酪氨酸、亮氨酸、苯丙氨酸连接形成的肽，则不但不呈鲜味，有的反而呈苦味，其原因尚不清楚。物质呈鲜的机制，可能是由于带负电的基团对感官所起的刺激作用。

知识点

味 蕾

味蕾就是味觉感受器。在舌头表面，密集着许多小的突起，这些小突起形同乳头，医学上称为"舌乳头"。在每个舌乳头上面，有长着像花蕾一样的东西，在儿童时期，味蕾分布较为广泛，而老年人的味蕾则因萎缩而减少。人吃东西能品尝出酸、甜、苦、辣等味道，是因为舌头上有味蕾。正常成年人约有 1 万多个味蕾，绝大多数分布在舌头背面，尤其是舌尖部分和舌侧面，口腔的腭、咽等部位也有少量的味蕾。人吃东西时，通过咀嚼及舌、唾液的搅拌，味蕾受到不同味物质的刺激，将信息由味神经传送到大脑味觉中枢，便产生味觉，品尝出饭菜的滋味。

咸味与离子

咸味的产生与盐解离出的阳离子关系密切，而阴离子 Cl⁻ 则影响咸味的强弱和副味。此外，神经与各种阴离子的感应性大小也有密切关系。常见的咸味物质主要有 $NaCl$，KCl，NaI，$NaNO_3$，KNO_3 等。

咸味是一些中性盐类化合物所显示的滋味。由于盐类物质在溶液中离解后，阳离子被味细胞膜上的蛋白质分子中的羟基或磷酸基吸附而呈咸味，而阴离子影响咸味的强弱，并产生副味，阴离子碳链愈长，咸味的感应能力越小，如：氯化钠 > 甲酸钠 > 丙酸钠 > 酪酸钠。无机盐的咸味随着阴、阳离子或两者的分子量增加，咸味感有越来越苦的趋势。

咸味的程度一般是由阴离子决定的，阳离子是呈附加味道，如钠离子有微苦味，钾、铵离子有弱苦味，钙离子有不愉快的涩味，镁离子的苦味最强，而氯离子是咸味的主要来源。有机盐的咸味也由阴离子支配，如苹果酸钠、葡萄糖酸钠等仅有微弱的咸味。咸味感是进化中发展最早的化学感之一。

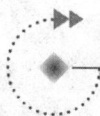

美食中的化学

食物只有经过必要的加工后，才能成为可摄用的食品，成为能量和美味。所谓细加工就是指将已粗加工的食物在厨房或食品厂进行食前处理，成为美食成品。科学界预言21世纪是化学—生物学的时代，研制更好的食品（创造出更新的食物品种，完善加工方法）是重要的任务。实际上，这是在更高、更科学的水平上丰富厨房中的化学内容，探讨如何获得更理想的美食，满足从婴幼儿到太空人的需要，是现代生活化学的中心课题之一。本章主要讨论菜肴、饮料中的化学问题。

风味菜肴的化学特色

风味菜肴的种类极多，大体可分冷制成品和热熟品，罐头是二者的综合、贮存上的改进。本节分家常菜肴、风味名品及腌制品进行介绍。

一、家常菜肴

家常菜肴品种繁多，以供给更多营养素者为上品。

1. 砂锅全鱼烧豆腐

本品为高蛋白、全氨基酸、富维生素及多微量元素的佳肴。

（1）材料：鲤鱼 500 克，猪肉 100 克，老豆腐 200 克，新鲜粉皮 4 张（160 克）及青蒜、葱、姜等调料各若干。

（2）做法：将鱼杀好取出内脏洗净，在鱼身两面刀剖数条斜纹，在热油锅内炸至两面略黄后取出；加葱、姜入锅在油中爆香，再放入肉片及已煮熟的笋片、泡发去蒂并洗净的香菇片等拌炒，加入辣豆瓣酱一匙、酒半匙、高汤 500 毫升（两大碗），放入煎过的鱼，煮 7～8 分钟；加盐、味精及调料，将鱼及汤转移入砂锅内，放入豆腐块，稍煮片刻，最后加入粉皮、青蒜丝等，再煮 1 分钟即成。其特点是汤味极其鲜美。

2. 游龙戏凤

以虾、鸡脯和胡萝卜为主要原料，兼有动、植物及水、陆两者的营养成分。

（1）材料：大虾肉（去壳，抽出虾线后洗净）150 克，鸡脯 100 克，均切片，分别用蛋清、盐、味精及酒渍味，用淀粉揉搓；另将胡萝卜 100 克煮熟后切片与芥菜、葱、香菇（各适量并切细）搅匀。

（2）做法：在炒锅内热约两碗油，将虾、鸡肉片倒入炸熟，随即捞出，另用两匙油，文火炒熟胡萝卜等配料，再将前面炸熟的虾、鸡加入同炒，并倒入预先备就的调料（酒半匙、盐、味精、姜末、白糖各适量拌匀，高汤 1 匙），迅速拌炒均匀便成。本品含多种维生素，尤其胡萝卜中的维生素 A 是油溶性的，用油炸制作可充分浸出。

3. 八宝豆酱

以瘦猪肉、豆腐干、萝卜制成，动、植物蛋白互相补充，氨基酸品种全，是较好的面条拌料。

（1）材料：肉 200 克，毛豆 100 克，生花生米 100 克，豆腐干 200 克（5 块），红（白）萝卜各 50 克，甜面酱 250 克及作料。

（2）做法：将肉切成 1 厘米见方的小丁，拌上酱油、淀粉，在炒锅内热油中爆炒片刻后取出；生花生米则用开水烫片刻剥除外衣，红

（白）萝卜、豆腐干均切丁，在热油中炒约 3 分钟后加入盐、糖、榨菜末调味；同时在炒锅中间拨出空隙，放入用水调稀的甜面酱，文火与肉拌炒，至酱已炒透出香气时，拌入八宝菜料（即八宝酱菜末）炒至相当干稠即可。

二、风味名点

风味名点数不胜数，这里将有代表性的介绍几种。

1. 星洲炒粉

（1）材料：干米粉 500 克，鲜虾 500 克，肉 250 克，鸡蛋 1 个，绿豆芽 500 克，韭黄 200 克及其他配料。

（2）做法：把干米粉条置冷水中浸软，约 10 分钟后捞起盛于簸箕内沥去水备用；将鲜虾去头壳洗净沥干，加入小苏打粉少许拌匀，腌渍 5 分钟后，加入姜汁、酒、香油、盐各 1 匙拌匀，在油锅中炒至近熟时取出；将肉丝炒熟；鸡蛋去壳加盐调松后，在平底锅内煎成薄饼状，再切成细长丝；在热油锅中将芹菜梗炒软后，依次加入绿豆芽、韭黄炒后即盛出；洗净炒锅（以防糊底）烤干，加 4 匙油烧热，放少许咖喱粉略煎，再将浸软的米粉倒入，双手各执竹筷一双迅速抖炒，使米粉变黄而松散，然后加盐、糖、味精、酱油等调味，放入肉丝拌炒，加入高汤半碗，加盖焖煮约 3 分钟后，放入虾仁、绿豆芽、韭黄等，与米粉混合拌匀即可。本品富含维生素、蛋白质，各类营养素均全，主副食合一，食用方便。

2. 汉堡包

（1）材料：牛肉馅 500 克，调料如盐、胡椒粉、味精等各适量，圆面包 4 个约 400 克。

（2）做法：将牛肉馅放在大碗中，加盐等调料 2 匙，用手仔细拌匀，分成 4 份，压扁成直径为 10 厘米的圆饼，置于放有 2 匙花生油的热平底锅中，小火煎黄（约 4 分钟），翻面再煎黄；将圆面包烘热，中间切开，夹入牛肉饼即可。食用时，可配上生菜叶及西红柿片，并洒调料少许。本品热量高，易消化，糖、蛋白质、脂肪、维生素等搭配平衡，营养丰富。

3. 比萨

（1）材料：鸡蛋 500 克（约 10 个），糖 200 克，低筋面粉 500 克，玉米粉 100 克，瘦肉 250 克，香菇 250 克，笋片、虾米、洋葱、芹菜、调料适量。

（2）做法：在一较大的容器中打好鸡蛋，加入白糖、盐搅匀（约 20 分钟），然后慢慢调入面粉、玉米粉及发酵粉（一匙）拌匀，此时呈

比萨饼

黏稠状，即倒入直径为 30 厘米的圆形烤盘中铺平，饼厚约 1 厘米，以 350℃～400℃烤 30 分钟；另将肉、香菇、虾米、芹菜均切成丁或丝，放入已烧热并炒香洋葱的油锅内，一起炒熟，再加酱油、盐、糖、胡椒粉等调料，拌炒均匀，是为菜料；将菜料放肉汤少许拌和，铺于烤盘中的面饼上，再热 5 分钟，菜料黏于饼上即成。

4. 寿司

系日本名菜，以米和海菜为主要原料制得。

（1）材料：米 50 克，紫菜 6 张，海带 1 块（10 厘米见方），鸡蛋 100 克，菠菜 250 克，肉（鱼）松 50 克，香菇及调料适量。

（2）做法：将米洗净，加入等量水，泡 1 小时，放入已洗净的海带，

寿　司

煮 2 分钟，取出海带再煮至水将干时，改用小火焖 25 分钟，即打松倒入大盆内备用；将醋、糖、盐及味精混合，加开水拌匀溶好，浇在饭上搅拌并扇冷（边拌边扇至凉透）；蛋打散后，加入糖、盐、酒及味精各少许调匀，在锅中用少量油煎成 1 厘米厚的蛋饼，然后切成 1 厘米宽的长条备用；将香菇洗净浸泡切丝，与菠菜同放在开水

中煮 3 分钟，取出挤干，再放在糖、酱油、酒的混合料中热 5 分钟；将专用做寿司的竹帘（约 30 厘米的四方形细竹丝编织物）擦干，放上一张海带，再放一张紫菜（先泡开并热好）铺上已拌好的米饭，再在中间铺蛋、菠菜、肉松等各适量，然后按住竹帘卷成寿司即可。将整条寿司切成 8 块，盛入盘中，附少许姜片蘸酱油食用。

三、腌制品

通常由发酵制得，有泡菜、松花蛋、腐乳等。

1. 泡菜

泡菜分浸泡和蕴藏，即湿式和干式两类。前者系将料菜，如白菜或萝卜洗净、切片、风干后，浸泡在盛有含盐 3% ~4% 的凉开水的罐中，密封约一周制得；后者则在菜风干后擦盐，置于坛中密封变酸而成。制作时要注意密封，因为发酵生成的微生物乳酸菌和酵母菌在 3% ~4% 盐水中易繁殖，且须缺氧（因乳酸菌厌氧），如果开口通气，乳酸菌不能活动，而嗜氧的酵母菌及霉菌迅速生长，使菜霉变腐烂。在发酵过程中，乳酸菌使一部分糖转化为乳酸（因该酸最初在牛乳内发现而得名），酵母菌则使一部分糖分解为乳

美味的泡菜

酸和乙酸。这些酸有利于保持蔬菜中的维生素 C（在酸性介质中稳定），也限制了其他霉菌的作用。发酵的一系列中间过程还有部分糖分解为乙醇，醇与酸进一步反应生成酯，故有香气。叶绿素则在酸的作用下变黄。

腌酸黄瓜的步骤与上相似，只是盐的浓度稍高，通常先用 8% 的盐水腌渍 3 ~5 日，使乳酸菌将糖转化成乳酸，然后在 16% 的盐水中保存。还有许多腌菜，如腌制的姜、辣椒、茄子等，常用干式蕴藏法腌制。腌制成败的关键是密封，通常用泥、凡士林涂黏接缝。特制的有贮水槽的泡菜坛，则用水封，但要适时加水以防干涸。

2. 松花蛋

松花蛋又称皮蛋，通常用鸭蛋（壳厚不易破）经烧碱、石灰或草木灰等碱性物腌制 24 小时以上制得。蛋白呈黑褐色的透明凝胶状，并有松叶状结晶花纹，亦称松花，该结晶可能是水分减少后，分解的氨基酸（如酪氨酸）析出而成；蛋黄为暗绿色，系铁的硫化物，并有硫化氢及氨生成，因而呈臭味，并显强碱性。皮蛋的维生素（A，B$_1$，B$_2$）较原蛋减少 30%，氨基酸亦减少，但在氢氧化钠作用下，蛋白质已分解为小分子的胺类，易于消化。

松花的料液各地略有不同。过去，常在碱中加氧化铅以加速熟化，且防止蛋的美丽的棕褐色退去或变灰；现在改加铁盐以抑制铅毒。北京松花料液的配方（千克为单位）：纯碱 3，石灰 13，红茶末 0.75，盐 3，金生粉（氧化铅，现改用硫酸亚铁）0.5，桑柴灰 3.5，开水 55，混匀。可

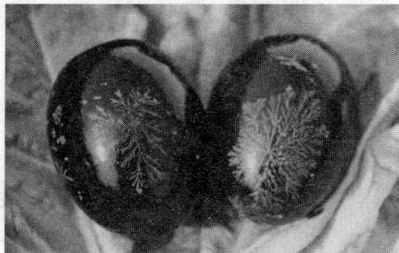

松花蛋

用于 1 000 只蛋，夏天浸 3 ~ 4 天，冬天浸 6 ~ 7 天。

松花蛋味道鲜美，因蛋白质分解生成的谷氨酸钠特别丰富，但不宜多食，否则由于碱性较大影响人体的酸碱平衡，导致梅尼埃病，通常以拌醋进食为佳。

3. 腐乳

腐乳由豆腐经酶菌发酵而成。把切块的老豆腐置于竹筐中，盖以稻草，置于密闭的暖箱（约 32℃）数日后，豆腐表面即长满绒毛，再移入坛中加调料并密封，2 ~ 3 日后即得。在这个发酵过程中，绒毛即为乳腐毛酶，从稻草上"传染"至豆腐，这种酶是反应能力特别强的蛋白酶，使部分蛋白质水解成多种氨基酸和易消化的蛋白胨，特别是其中的谷氨酸呈鲜味。所用的调料通常为盐、花椒、老酒和酱，加红糖染色者为红腐乳；发酵稍深时，有硫化氢、氨及其他硫化物释出，是为臭腐乳，这类臭味物易挥发消除，且量极少，无害。

知识点

味 精

　　味精，俗名"味之素"，学名"谷氨酸钠"，是采用微生物发酵的方法由粮食制成的现代调味品。成品为白色柱状结晶体或结晶性粉末，是目前国内外广泛使用的增鲜调味品之一，其主要成分为谷氨酸和食盐。谷氨酸是氨基酸的一种，也是蛋白质的最后分解产物。

延伸阅读

油炸臭豆腐

　　臭豆腐"闻着臭"是因为豆腐在发酵腌制和后发酵的过程中，其中所含蛋白质在蛋白酶的作用下分解，所含的硫氨基酸也充分水解，产生一种叫硫化氢（H_2S）的化合物，这种化合物具有刺鼻的臭味。在蛋白质分解后，即产生氨基酸，而氨基酸又具有鲜美的滋味，故"吃着香"。

　　1. 原料：精制水豆腐 8 片，切成 32 小块，专用卤水 2 500 克，酱油 50 克，青矾（硫酸亚铁）3 克，鲜汤 150 克，干红椒末 50 克，香油 25 克，精盐 8 克，味精 3 克，炸用植物油 1 000 克。

　　2. 制法：将青矾放入桶内，倒入沸水，用木棍搅动，然后将水豆腐压干水分放入，浸泡 2 小时，捞出晾凉沥去水，再放入专用卤水中浸泡（春秋季浸泡 3 ~ 5 小时，夏季浸泡 1 ~ 2 小时，冬季浸泡 6 ~ 10 小时），豆腐经卤水浸泡后，呈黑色的豆腐块，取出用冷开水稍冲洗一遍，平放竹板上沥去水分；把干红椒末放入盆内，放精盐、酱油拌匀，烧热的香油淋入，然后放入鲜汤、味精兑成汁备用；锅置中火上，放入炸用植物油烧至六成热时逐片下入臭豆腐块，炸至豆腐呈膨空焦脆即可捞出，沥去油，装入盘内；再用筷子在每块熟豆腐中间扎一个眼，将兑汁装入小碗一同上桌即可。臭豆腐质地外焦内脆软嫩，味鲜香微辣，是湖南有名的风味小吃。

烹饪中的学问

所谓烹饪就是指做饭、做菜，后者即烹炒调制菜蔬，又特称为烹调，是食物细加工的主要内容。熟食在人类的进化过程中起到重要的作用，它为人们提供了可说是已经半消化了的食物，缩短了消化的过程，扩展了食物的品种（从野果到肉类），熟食促进了人类体力和智力的形成与发展，尤其是对人脑的影响更大。到今天这些作用仍是基本的，我们只是在分子水平上进行研究和提高。

1. 熟食的作用

（1）杀菌。一般食物尤其是蔬菜中存有大量由肥料和存放时引入的病原体、寄生虫卵及各类细菌，虽经洗涤，但不能除去（有时水本身就不干净），而加热煮沸 3~5 分钟，均可全部杀死，尤其是消化道传染病菌，必须加热消除。

（2）提味。通过加热改善色、香、味，生成新的更富营养的化合物，提高食品的质量。

（3）分解。把食物烧熟，主要是将原来的大分子转化为较小的分子，使体内的消化和吸收容易进行。所谓"熟"，是凭经验判定的，指没有"生"感，达到可以食用的程度。

（4）解毒。加热可分解某些食物中的有害物质，如大豆和鸡蛋中的抗胰蛋白酶（它妨碍人体内胰蛋白酶的活动），杏仁中的氰化物等。

2. 加热的方式

随着食物的品种（主食或副食，肉或蔬菜）及食用要求而异，加热的方式主要有干、湿两种。

（1）干式。烤、烧、熏、煎、炒均属之。其中烤常用于面食，如烤面包和烧饼，各种干式除通用于鱼、肉外，多用于蔬菜的烹制。其特点是火大（称为武火）、水少、时间短。先用油和调料炸锅后，放入菜肴，迅速翻动即可。蛋白质、脂肪和无机盐大部留在菜里，只有小部分进入汤汁，但维生素有些损失。干烧应注意防焦，因为肉在烧焦后，蛋白质中的色氨酸分解，可引起食物中毒。所以，烧焦的菜肴不宜吃。此外，火太大油中会出现怪味，这是由于温度太高时，由脂肪水解生成的甘油分解成丙烯醛（军事上用做催泪瓦斯）挥发，有毒性。

烧 烤

（2）其他主要是干式，也可湿式兼有的是微波炉加热，其特点是不用炉火或电热，而用微波做热源。微波是一种不会导致电离的高频电磁波，可被封闭在炉箱的金属壁内，形成一个类似小型电台的电磁波发射系统。由磁控管发出的微波能量场不断变换方向，像磁铁一样在食物分子的周围形成交替的正、负电场，使其正、负极以及食物内所含的正、负离子随之换向，从而引起振动或振荡。当微波作用时，这种振荡可达25亿次/秒，从而使食物内部产生大量的摩擦热，最高可达200℃，4～5分钟内可使水沸腾。其加热温度、快慢及均匀性由食物本身的特点决定，对含糖、油脂量较高的食物效率较高，作用深度为2～3.5厘米。食物的尺寸一般不宜超过5厘米，特点是微波从各表面、顶端及四周同时作用，所以均匀性好。陶、粗陶、瓷、硬纸、塑料薄膜、玻璃等均可制作微波加热皿，它们本身不受热。铝、不锈钢及其他金属或某些塑料容器反射微波，不能加热食物并引起火花飞溅、器皿变热。

铜锅涮羊肉

（3）湿式是煮、蒸、焖、炖、煨及汆等的总称，其中煮、蒸、焖主要用于主食，如米、面的加工；这些方式也都适于肉、鱼的烹调。湿式法的特点是火较小、水多、加热时间较长。较富特色的有：①先把食物，如肉浸没在放好调料的冷水中，徐徐加热（称为文火缓烧），肉汁、脂肪和蛋白质从肉的表面

逐渐渗出，等到肉比较熟烂，汤里的营养比较丰富。我们称水较少者为炖，水较多者为煨。武汉的八卦汤（甲鱼或乌龟为主要原料）是这类烹调方式的名品。②在烧制如肉、鱼等食品时，为适当掌握汤的浓度，将水分用小火（85℃左右）耗去，称为收汁。③先把汤烧开，再投入肉，这样使肉表面上的蛋白质凝固，将大部分脂肪、蛋白质保存在肉内，因此肉味较香，汤汁则很清淡，这种方式称为余，与此类似的还有焯。前者原料下锅时间较短，食品嫩脆；后者加热时间较长，一般达到八九分熟，多用于蔬菜，用于肉食时称为涮，要求刀工好，切得薄，如北京的涮羊肉。

知识点

微 波

微波是指频率为300MHz至300GHz的电磁波，是无线电波中一个有限频带的简称，即波长在1米（不含1米）到1毫米之间的电磁波，是分米波、厘米波、毫米波和亚毫米波的统称。微波频率比一般的无线电波频率高，通常也称为"超高频电磁波"。微波作为一种电磁波也具有波粒二象性。微波的基本性质通常呈现为穿透、反射、吸收3个特性。对于玻璃、塑料和瓷器，微波几乎是穿越而不被吸收；对于水和食物等就会吸收微波而使自身发热；而对金属类东西，则会反射微波。

延伸阅读

"炒"的门道多

"炒"是最广泛使用的一种烹调方法，适用于炒的原料多是经刀工处理的小型丁、丝、条、球等。炒用小油锅，油量多少视原料而定。操作时，切记一定要先将锅烧热，再下油。炒的具体方法可分生炒、熟炒、软炒、干炒4种。

1. 生炒。也叫火边炒，以不挂糊的原料为主。先将主料放入沸油锅中，炒至五、六成熟，再放入配料，配料易熟的可迟放，不易熟的与主料一起放入，然后加入调味，迅速颠翻几下，断生即好。这种炒法，汤汁很少，原料鲜嫩。如果原料的块形较大，可在烹制时兑入少量汤汁，翻炒几下，使原料炒透，即行出锅。

要点：放汤汁时，需在原料的本身水分炒干后再放，才能入味。

2. 熟炒。一般先将大块的原料加工成半熟或全熟（煮、烧、蒸或炸熟等），然后改刀切片、块等，放入沸油锅内略炒，再依次加入辅料、调味品和少许汤汁，翻炒几下即成。熟炒菜的特点是略带卤汁、酥脆入味。

要点：熟炒的原料大都不挂糊，起锅时一般用湿团粉勾成薄芡，也有用豆瓣酱、甜面酱等调料烹制而不再勾芡的。

3. 软炒。又称滑炒，先将主料出锅，经调味品拌脆，再用蛋清团粉上浆，放入五六成热的温油锅中，边炒边使油温增加，炒到油约九成热时出锅，再炒配料，待配料快熟时，投入主料同炒几下，加些卤汁，勾薄芡起锅。软炒菜肴非常嫩滑，但应注意在主料下锅后，必须使主料散开，以防止主料挂糊粘连成块。

要点：主料要边炒边使油温增加，炒到油约九成热时出锅，单独再另炒配料，待配料快熟时，投入主料同炒。

4. 干炒又称干煸，是将不挂糊的小形原料，经调味品拌腌后，放入八成热的油锅中迅速翻炒，炒到外面焦黄时，再加配料及调味品（大多包括带有辣味的豆瓣酱、花椒粉、胡椒粉等）同炒几下，待全部卤汁被主料吸收后，即可出锅。干炒菜肴的一般特点是干香、酥脆、略带麻辣。

要点：干炒菜时菜的全部卤汁被主料吸收后，才可出锅。

烹饪中的添加剂

1. 烹饪中的添加剂

添加剂主要包括主食和副食加工用的添加剂和佐料。其中主要的添加剂有：

（1）稳定剂、增稠剂和防结块剂。前两者可使某些脂肪类或液态食物，如果汁变黏稠，大多是多糖物，其分子结构中含有多个羟基。由于羟基易与水形成氢键，从而防止水与极性较小的脂肪分层，并能起乳化作用，使水和油在食品中混合得更均匀。常用的稳定剂和增稠剂有 D－山梨糖醇和 D－甘露糖醇，它们对糖果和奶酪特别有效，也做保湿剂、甜味控制剂和软化剂。还有一类添加剂，如硅酸镁，可与水结合（成结晶水），防止水气使食物结块，是一种防结块剂。

（2）嫩化剂。一种难煮熟的肉，如牛肉特别是牛胃等烹调前的添加剂，它能在室温下加速食物的水解，使蛋白质中的肽键催化断裂，本身是一种水解酶。由于这种酶的作用，使食物达到"煮熟"程度所需的时间大为缩短，对结缔组织如骨胶原和弹性蛋白（牛蹄筋）这类聚合物尤为有效，对肌肉纤维蛋白也有一定的作用。主要的肉类嫩化剂有木瓜酶类或真菌，即微生物蛋白酶类。一种作为牛肉表面处理的典型嫩化剂配方：2%商品木瓜酶或5%真菌蛋白酶，15%葡萄糖，2%谷氨酸钠（味精）和食盐。

（3）发酵粉。用于馒头、面包、糕点制作时，中和发酵生成的酸及发泡（生成二氧化碳）以使制膨松。通常酵母中的淀粉酶使淀粉变成糖分，然后其中的酒化酶使葡萄糖变成二氧化碳，这种气体进一步膨胀，形成松软的多孔物，并生出少量酒精和酯类，使食品十分松软可口，但是鲜酵母作用慢，且不易控制，故用发酵粉。其主要成分是碳酸氢铵，它在20℃以上便开始分解，35℃时速度加快，60℃～70℃就剧烈分解放出大量二氧化碳和氨气。另一种发酵粉为碳酸氢钠（小苏打）和某些酸式盐，如酒石酸氢钾、磷酸二氢钙的混合物，前者的作用是中和面糊中的酸性配料而生成二氧化碳，后者则可防止生成碱性太大的碳酸钠。

2. 佐料

佐料包括食用时的辅料和烹调时的调料。

（1）辅料。一般不直接单独食用，但可用于就餐提味的固体或液体成品。通常的辅料主要有：①花椒盐，由花椒500克（烘炒成焦黄色研细）和盐150克（炒干并碾成粉）混合拌匀即得，通常与榨菜同用。②沙茶酱，由花生米、比目鱼干、海米、芝麻、辣椒粉、芥末、五香粉、芫荽籽、白砂糖混匀，在植物油中热炸成酱褐色即可，香味鲜美，是福建菜谱中富有地方风味的一种辅料。③花椒油，将香油烧至七成热，投入花椒炸至呈深红色，捞出花椒即成，500 克油用 15 克花椒，香色均佳。④辣椒油，先将 200 克辣椒面用 100 克凉开水调成稠粥状，另用 600 克香油烧至八成热，倒在调好的辣椒粥内，边倒边搅成红油即得。⑤葱姜油，用 1 千克花生油或猪油烧至四成热，投入 100 克姜片稍炸，再放 100 克葱段（3.3 厘米长），炸至金黄色出香味后，捞出葱姜即可。⑥太仓槽油，已有 170 年的历史，是由甜酒原汁加入各种香料浸制而成，因在调味时质地和色泽似同油类，故称槽油，适于蘸拌各种荤、素凉菜，为江苏太仓特产。⑦茵陈酒，用白酒浸泡茵陈制得的药酒，主要用于名贵野味的去腥膻味。⑧清汤，又分一般和高级两种，前者为将老母鸡和猪骨投入冷水锅中，用旺火烧沸，撇去浮沫，再用文火（即维持刚沸的小火）长时间煨后，捞出骨体，用纱布滤去骨渣即得；后者则为将鸡腿肉去皮剁成茸，和葱、姜、料酒一起投入滤好的汤中，用旺火加热，同时用勺顺一个方向搅动，汤将沸时改用文火（不可滚沸），使汤中渣状物与鸡茸黏结，浮出汤面，用勺撇净即成。⑨奶汤，将骨放入冷水锅中，用旺火烧沸后，撇出上面血沫，然后加葱、姜、料酒等，用中火继续煮至汤呈白色，似奶状即为奶汤。⑩高汤，加骨入锅内，加清水至刚浸没原料，先用旺火烧沸，撇去浮沫，再用文火煮 2～3 小时，使原料鲜味全溶于汤汁中即得高汤。

各种酱，通常用豆如蚕豆、大豆等发酵，先煮熟制成糜状物，与焦糖、辣椒油、酱油混匀，即得豆瓣酱；炸酱，即北京有名的炸酱面辅料，系将肥肉拌上酱油、淀粉搅匀爆炒，另用油炸锅放入用水调稀的甜面酱拌炒后，两者炒匀而成。

（2）调料。通常分油溶性和水溶性两类，前者适于温度较高时炸锅，即放在油中加热释出香或其他味素，宜先加；后者分子量较小，易挥发，烹调时宜后加。主要的调料有：①一般调料，如八角、花椒（油溶性，香），葱、姜、蒜、辣椒、胡椒、藠（油溶性、水溶性兼有，水溶性为主，辣），糖，味精，盐（水溶性），它们不仅呈味（分解生成丙酮酸）、赋香（如分解释出丙烯硫化合物），而且有杀菌功能（如蒜苷受热或在消化器官内酵素的作用下，生成蒜素或丙烯亚磺酸，有强杀菌力），还含有多种维生素（如葱头含大量维生素 B），是烹调中不可缺的。市场有干粉调料，如姜粉、洋葱泥、胡椒粉、辣椒面供应。②其他调料，主要有：酒，常用于解

鱼腥（为三甲胺之腥味，酒可使其从鱼体中溶出而挥发）；醋，主要用于杀菌（特别是流感及其他病毒），溶解鱼刺和骨（促进钙、铁的磷酸盐溶解和体内吸收），去腥（鱼和切鱼刀具用醋擦洗，可去由呋喃、杂醇和硫化物引起的膻味），去碱，增加胃酸，酯化作用产生香味；酱油，主要作用为赋香和着色，本品是微生物使蛋白质、淀粉经复杂发酵作用制成，除含丰富的氨基酸（呈鲜味）外，还含有芳香酯类、有机酸、乙醇、戊糖和甲基戊糖，后两者和氨基酸结合，显鲜艳的红褐色。酱油在低压下蒸去水分，得稠硬质体，是为固体酱油，是我国特有的美味调料，销行世界各地。

知识点

固体酱油

固体酱油亦称酱油膏，由北京市酿造三厂生产，该厂在生产工艺、设备技术、实际操作技术方面摸索出一些经验。原料配方：豆粕60%，麸皮40%，配比6:4。原料经过处理，接种曲进行通风制曲（25小时）；采用低盐固态发酵法，水浴保温（45℃~50℃）发酵周期20天，浸出二级酱油；无盐固形物14%~55%即可。按每一次浓缩投料计算膏体配比：酱油1200千克，精盐154千克，味精3.2千克，白砂糖32千克（注意味精必须在浓缩成膏体时加入，搅拌均匀，否则失去调味的作用）。

延伸阅读

吃鱼巧去腥

鱼类食品含有丰富的蛋白质，一旦被放线菌污染，其蛋白质很容易被分解成三甲基胺、六氢化吡啶、氨基戊醛和氨基戊酸等，这些物质会发出令人不愉快的腥味。

放线菌通过鱼鳃侵入鱼体的血液中，并分泌一种具有恶臭（即土腥味）的褐色物质。淡水鱼如鲤鱼、草鱼、鲢鱼等蛋白质含量丰富，营养价值高，味道也很鲜美，但是这些河鱼往往带有土腥味。

如何去腥呢？杀鱼时，一般先从鱼鳃处放血，使鱼肉中的毛细血管不会吃进鱼血，尽可能地放尽血，这样做出来的鱼肉比较洁白，腥味少。鲤鱼背上两边有两条白筋，这是制造特殊腥气的东西，宰杀时注意把这两条白筋抽掉。

1. 冷水去腥法。≤15℃的冷水，冷水有去腥的作用但是并不明显。日本曾有此方面的报道，原理可能是稀释并水解鱼类的腥味物质。

2. 热水去腥法。将鱼用80℃的热水稍泡一下，这种方法用的比较多，尤其是在蒸鱼时，这样不仅可以去腥，还可使蒸出的鱼胸腹处不破裂，保持形态的完整。

3. 牛奶浸鱼去腥法。用适量牛奶浸泡生鱼片刻，再烹炸，可以去掉鱼腥味而且口味更佳。

4. 食盐加酸法＞食盐加碱法。食盐去腥的原理主要是利用盐析的原理，加上冷水利用渗透压。盐类的盐析作用和晶体渗透压的稀释作用，在碱性条件下减弱，在酸性条件下加强。

5. 加入佐料浸泡法。把河鱼剖肚洗净后，放在冷水中，再往水中倒入少量的醋和胡椒粉，或者放些月桂叶。经过这样处理后的河鱼，没有土腥味。单独放入食醋浸泡效果也不错。

6. 加姜等佐料（葱、蒜等等）。姜蒜均含有挥发性有机物均可以达到去腥的作用。一般家庭做鱼都会加入姜，但是什么时候加入姜比较好呢？实验表明，当鱼体浸出液的pH值为5～6时，放姜去腥效果最好。如过早放姜，鱼体浸出液中的蛋白质会阻碍生姜的去腥作用。所以，做鱼时，最好先加热稍煮一会儿，等到鱼的蛋白质凝固了再放姜，即可达到除腥的目的。

7. 加入酒类和醋类。因为酒中含有一定量的酒精，酒精是很好的有机溶剂。三甲基胺等能被酒精溶解，随着加热而与酒精一起挥发掉，黄酒、白酒都可以。此外，做鱼加酒的同时，加点醋的味道会更鲜美。酒中的酒精与醋中的醋酸还能生成有芳香味的脂，增加了鱼类食品的鲜美。

酒里的化学

含乙醇的饮料，品种很多，酒已发展成为某种文化标志。酒通常可按其乙醇的含量（15.6°时乙醇体积百分率的2倍称为酒的度数）分为烈性酒（70°以上）、低度酒（65°以下）。各种酒的特色取决于所用的水质（如所含的矿物质特别是微量元素）和制作工艺（影响到有关营养成分的化学组成）。酒中除乙醇外，还有很多其他成分，如糖、维生素等，因而酒具有复杂的功能，其主要作用有：刺激作用，加速血液循环，有温热感（先民饮酒最初可能是为了驱寒取暖）；药用功效如减轻疼痛、引起睡眠和镇静作用；调味和营养作用，如乙醇在烹调鱼、鹅蛋、野味及其他有异味的食物时可以去腥（溶出其成分并助其挥发）、赋香（与各种有机酸生成酯），助消化（酵母、维生素及溶解其他食物中的营养素），以及特殊的心理作用，如创造欢乐的气氛，形成平和安详的快感（加速血液中兴奋剂如内啡肽的分泌）。

一、低度酒

用葡萄、大麦、稻米等为原料，经发酵、澄清（不经蒸馏）加工制得的乙醇含量较低的酒。由于含有大量酵素、维生素、微量元素，这类酒不会使人中毒，有明显的抗病毒作用和其他营养作用，主要有葡萄酒及各种果酒、啤酒、甜酒。

1. 葡萄酒

葡萄酒及各种果酒要先制作优质果汁，如把鲜葡萄放入"去梗压碎机"提取待发酵的汁，然后用二氧化硫处理，杀死不需要的野酵母，把最好的酵母菌株培养基加到发酵罐的葡萄汁中，使其糖分转化成酒，加胶或蛋清作为澄清剂并滤去悬浮物质得新酿的酒，即可供饮用。也可以陈化几年，去掉涩味即为成熟，如有必要在杀菌后装瓶。葡萄酒是世界上最古老的药物之一，它是一种优质的补血饮料，治疗缺铁性贫血的一个古药方就是"牛肉、铁盐、葡萄酒"，因为它含有大量的维生素；葡萄酒可改变血液胆固醇和脂肪，可减少动脉粥样硬化的心脏病发病率；有很好的放松作用和可口的味道，能刺激食欲。

葡萄酒和各种果酒品种极多，主要有：

（1）苹果酒（法国）。发酵的苹果汁，放在近冰点的温度中保存，倒出结冻的浓缩液体，以增加其乙醇含量，可冷饮也可热饮。

（2）树脂酒（希腊）。用希腊葡萄制成，含树脂，有松香味，特别适合食用鱼、猪肉或家禽等淡味菜肴时饮用。

（3）丁香葡萄酒（中国）。用藏红花、丁香等中草药和葡萄鲜汁发酵制成，可滋阴补脾、健胃驱风、舒筋活血、益气安神，尤其适宜妇女饮用。

（4）波尔多葡萄酒（法国）。有红色、白色或玫瑰色（由不同色葡萄制得），进餐或进甜食时饮用，最好稍微冷却效果更佳。

（5）香槟酒（美国）。是一种汽葡萄酒，是将原酒加少量糖后进行第二次发酵后制成的一种开胃酒，冷却后上桌，尽可能保持气泡。

（6）红葡萄酒（意大利）。用意大利红葡萄制成，在进食意大利肉或面糊时饮用。

2. 啤酒

啤酒是一种主要由大麦为原料制成的，在其泡沫中富含蛋白质和有机酸的发酵饮料（乙醇含量通常为 $2\% \sim 8\%$），其营养丰富，被称为"液体面包"。现已发现饮用少量啤酒，可松弛血管壁，使血管口径变大（乙醇是血管扩张剂），血流增加，如与合适的膳食配合，边吃边饮，由于啤酒酵母中含有微量元素硒和铬，可促进身体更好地利用碳水化合物，并使维生素搭配好。啤酒的制作是先使大麦粒发芽后去根粉碎，加入碎米（以增加糖分）煮熟制成麦芽浆，此时麦芽中的酶使淀粉转化成糖，过滤后将所得糖汁与啤酒花共煮，随后用酵母发酵，将澄清后的发酵麦芽汁过滤即得啤酒。在糖化过程中，淀粉酵素分解淀粉成麦芽糖和糊精，蛋白质分解酵素使高分子蛋白质分解为可溶性低分子蛋白质，最后糖酵解成酒，并含有戊糖、氨基酸、色素、单宁及酸与醇反应生成的酯，这使啤酒具有浓厚的香味和宜人的苦味。啤酒主要是在第二次世界大战后德国的医学家研究了啤酒酵母的营养价值后才得以迅速发展的，牌号甚多，质地因酵母、水及工艺而异，驰名于世的有：

（1）格瓦斯（俄国）。这是一种含乙醇不超过 0.7% 的用黑麦面包制成的（将酵母和乳酸杆菌共同经麦芽处理过的面包糊发酵）的清凉饮料。

（2）烈性黑啤酒（美国）。由于烤得重麦芽呈黑色，它比其他大多数啤酒浓度大、味甜，更富营养。

（3）日本清酒又称稻米啤酒。酒精含量达 14% ~ 16%，相当于葡萄酒，更超过大多数啤酒。由于稻米中淀粉在发酵前须转化为糖，且所用的稻谷霉曲菌与通常酿制啤酒的相同，所以这种酒确实是啤酒。不同的是除乙醇含量高之外，它不加碳酸饱和，而且适于热饮，而其他啤酒则均为冷饮。

（4）青岛啤酒（中国）。因得崂山矿泉水及其他优势（历史较久，始产于 1903 年），品质上乘，北京啤酒、上海啤酒亦为佳制。

（5）白啤酒（德国）。用小麦、大麦芽、啤酒花、酵母和水在瓶中发酵制成的浑浊酒，其酵母颗粒悬浮于酒中，营养价值高于别的啤酒，特别是复合维生素 B 含量丰富。

3. 甜酒

甜酒以糯米或其他糖源为原料制成的含糖、有机酸、蛋白质、维生素、酵素、香料以至药料的甜味饮料（乙醇含量通常不超过 10%），富营养，特别适于易醉酒者饮用。通常的制法是：将糯米 1 000 克泡软蒸熟成较干而稍硬的饭后，置于铝盆或竹簸箕中，用冷水冲至冷透且不黏为止，然后将压成粉状的酒釉（酵母）1 个（约 10 克）撒散拌匀，盛于瓦缸或小碗中（因为发酵时会膨胀，故不要装满），于中心处挖一个小洞、密封，置于暖处（如暖气片上或覆盖棉被，29℃ ~ 32℃）24 小时，即可成为甜酒酿直接食用或加工，冷热均可饮。我国此名产甚多，主要有：

（1）白字酒（浙江金华、义乌）是一种黄酒，以大米（糯米或粳米）为原料，用多种草药制成药汁，再和面粉、姜汁制成酒曲（或称酒药），用 3 次投料的喂饭法，酒糟再经重酿（一周期约 30 天），味鲜而甜。

（2）沉缸酒（福建龙岩）、密沉沉（福建福安）均以糯米为原料，糖化发酵的曲蘖为古田红曲，配制 30 多种中草药，埋坛 3 年，富含维生素、酵素等。

（3）蜜酒，世界各国均有生产的古代名酒，西方多是将蜂蜜发酵后加香草酿制，进餐时饮用。我国的制法则很简单，将沙蜜 500 克、糯米饭 500 克、面曲 200 克、凉开水 5 000 毫升在瓶内混匀，密封 7 日成酒。

（4）甜酒冲蛋（湖南长沙），由洞庭湖滨产的糯米加上本地特制的甜酒药（主要为酵母菌和糖化菌）发酵，并用著名的长沙水配制而成，用其冲成"半熟蛋"，动、植物蛋白兼备，极易消化。所谓半熟蛋是利用蛋中各成分凝固而烹制的，蛋清开始浑浊 58℃，62℃~65℃失去流动性，白蛋白 63℃凝固，蛋黄中的磷蛋白 67℃凝固，蛋白在 65℃~70℃完全凝固，80℃整个蛋凝固结实，因此若将蛋长期浸于 65℃~68℃水中，蛋黄凝固而蛋白为半流动体。如果将蛋短时间热到 80℃，则蛋白凝固而蛋黄尚未固化，这两种情况均为半熟蛋。

（5）黄酒（浙江绍兴），由精白糯米、优质黄皮小麦配以鉴湖水制成的原汁酒，除乙醇含量较低外，含脂肪量却高，故香味浓郁，又称料酒，有加饭、元红、善酿、香雪四大品种。其特点在于酒药（或称小曲、酒饼）即菌种，分白药、黑药两种：白药作用较猛，适于严寒季节用；黑药是用早米粉和辣蓼草再加陈皮、花椒、甘草、苍术等药末制成，适于秋夏季用。绍兴酒已有 2 500 多年历史，兼饮料、药用和调味之效。各种氨基酸达 21 种，每升含量约 6 700 毫克以上，仅赖氨酸就有 400 毫克，有经 3 年以上陈酿者极香醇。

二、烈性酒

烈性酒均为蒸馏酒，以保证足够高的乙醇含量，其最高者为美国伊州的"永不醉"酒（190°，含乙醇 95%）。通常用含糖的食物，如谷物、薯类等为原料，煮熟后在温度为 24℃~29℃时发酵，此时糖酵解为乙醇（发酵产物称为麦芽浆），压汁（其固体物称为酒糟）后蒸馏（温度应介于78℃~100℃），最后陈化和勾兑。有些新蒸出的酒含有涩口的成分（芳香族物质），陈化可以改变其味道（难闻的有机酸和杂醇油作用生成香酯），在木桶中陈化数年，醇香味更好（一些杂质被木材吸收），也可用活性炭吸附除去异味。

1. 我国的名酒

公元前 8 世纪周代就已会造酒，传说酒由夏禹时的伐狄所创。各代都

有咏酒的名诗，如"对酒当歌"、"酒旗相望大堤头"、"吴刚捧出桂花酒"等，成为璀璨中华文化的一枝花。各地的名酒有：

（1）五粮液（四川），用高粱、大米、糯米、玉米、荞麦等5种粮食按一定比例混合，以小麦制成的曲药为糖化发酵剂，贮于老窖内发酵后蒸馏出的大曲酒，特点是发酵周期长，贮存老熟、严格、有悠香。

（2）西凤（陕西），以高粱为原料，大麦、豌豆做曲，配以著名柳林井水，用土窖固态续楂法发酵14天，蒸馏后经"酒海"贮存3年以上，精心勾兑而成。本酒始于周秦，盛于唐宋，特点是回味愉快，不上头，不干喉。

（3）洋河大曲（江苏），用优质高粱为原料，以小麦、大麦、豌豆培养的高温大曲为糖化发酵剂，酒厂内有一千年古井"美人泉"，水质纯正，用含有一种能产生窖香前驱物质的杆菌（芽孢杆菌）的红色黏土做发酵池，有此好水好土，从而使酒香甜兼备。

（4）茅台（贵州），以高粱、小麦为原料，有2000多年的历史，是酱香型曲白酒，采用多次加曲、多次摊晾、多次堆积、多次发酵，取酒后精心勾兑，再经3年以上贮存陈化（用坛密封埋在地下数年取出分装），为世界名品。

（5）汾酒（山西），是高粱酒，其再制品竹叶青即以汾酒为基酒，配砂仁、当归、竹叶等10余种名贵中药材和纯净冰糖泡制而成。

除上述几种名酒外，还有许多极富特色的佳酿，如剑南春、泸州大曲（四川）、古井贡酒（安徽）、董酒（贵州）、双沟（江苏）、二锅头（北京）等。

2. 外国名酒

（1）白兰地（法国），以苹果、草莓、葡萄等为原料，由水果发酵浆蒸馏而得，陈化两年以上去涩，与水、咖啡、苏打水配用。

（2）杜松子酒（美国），以谷物和麦芽混合物为原料，发酵后重蒸得高酒精含量的混合液，并掺以松属植物的浆果、柠檬或橙皮等香料，可直接饮用或与其他烈性酒配用。

（3）威士忌（源出爱尔兰，意指"生命之水"），以谷物特别是玉米、黑麦作原料，发酵芽浆多分约4个阶段，即四步蒸馏，在木桶中陈化3~4

年，有独特香味，可直接饮用（先放冰块后放酒，以防热量过大）。

（4）伏特加（俄国），以马铃薯为主要原料，其淀粉需用酶转化为糖，其特点是酒精含量高且无香味，通常用木炭除去不需要的成分，经冰冻后饮用。

尊尼获加威士忌庄园

知识点

酒　曲

在经过强烈蒸煮的白米中，移入曲霉的分生孢子，然后保温，米粒上即茂盛地生长出菌丝，此即酒曲。在曲霉的淀粉酶的强力作用而糖化米的淀粉，因此自古以来就把它和麦芽同时作为糖的原料，用来制造酒、甜酒和豆酱等。用麦类代替米者称麦曲。

延伸阅读

世界六大蒸馏酒酿造圣地

在世界酒类行业当中，有闻名于世的六大蒸馏酒，它们分别是：白兰地、威士忌、白酒、伏特加、兰姆（朗姆）酒、金酒。其中"蒸馏酒"是指酿造的工艺，"六大"指的是根据工艺特色的分类。

1. 伏特加——莫斯科宝狮伏特加工业园

伏特加，一直以来被认为是男人的象征。在世界各地，伏特加之名可谓家喻户晓，但是人们根据品牌价值等商业思维认为，绝对伏特加的品质较好，荷兰伏特加最具特点。然而，事实上并非如此，如果追本溯源，真正地道的伏特加还要数俄罗斯伏特加，其中最具典型的则是宝狮品牌。宝

狮伏特加位于俄罗斯的首都莫斯科，它始建于 1818 年，在俄罗斯伏特加的历史发展中具有一定的影响力。和许多人想像的不同，宝狮伏特加酒厂虽然位于莫斯科，纬度较高，但是酒厂的环境非常优美，而且由于地势空旷，能够给人一种豁然开朗的心境。

2. 兰姆（朗姆）酒——古巴哈瓦那兰姆酒厂

兰姆酒，也许很多人并不熟悉，但是在中北美洲、南美洲、欧洲的部分地区，这种酒是非常畅销的。尤其是在古巴，兰姆酒的地位如同中国的白酒、苏格兰的威士忌一样，和人们的生活息息相关。在古巴众多的兰姆酒厂中，权重和魅力最大的当数首都哈瓦那兰姆酒厂了。兰姆酒在古巴是"国酒"，享受其他任何酒类都无法比拟的身份和地位。

3. 金酒——荷兰阿姆斯特丹金酒工业园

金酒，又名杜松子酒，也被翻译为琴酒。这种酒起源于荷兰，后在英国大量生产后闻名于世。金酒，不仅是世界著名的六大蒸馏酒之一，而且还是世界六大烈酒之一。金酒由于工艺较为简单，在世界各国建立了许多金酒厂，使得金酒的品牌也是五花八门。但是，荷兰阿姆斯特丹金酒厂生产的金酒，可谓驰名世界。荷式金酒被称为杜松子酒（Geneva），是以大麦芽与稞麦等为主要原料，配以杜松子酶为调香材料，经发酵后蒸馏三次获得的谷物原酒，然后加入杜松子香料再蒸馏，最后将精馏而得的酒贮存于玻璃槽中待其成熟，包装时再稀释装瓶。荷式金酒色泽透明清亮，酒香味突出，香料味浓重，辣中带甜，风格独特。

4. 白兰地——法国干邑镇 COGNAC 古城

白兰地遍布全球，其中被认为品质最优、最具代表性的当数法国的干邑。说起法国，或许很多人想到的是世界著名的葡萄酒产区——波尔多。不错，法国盛产葡萄酒，但同样也盛产优质的白兰地。其中，干邑就是法国白兰地的标志。干邑是法国西南部的一个小镇，在它周围约 10 万公顷的范围内，无论是天气还是土壤，都适合良种葡萄的生长。因此，干邑被誉为和波尔多齐名的法国十大葡萄酒产业带之一。

5. 威士忌——尊尼获加威士忌庄园

威士忌被誉为是英国的象征，实际上准确的说应该是英国苏格兰的象征。在苏格兰，威士忌享有"国酒"的特殊待遇。其中，最具典型的是尊尼获加（Johnnie Walker）威士忌，它自 1933 年被授予皇家特许权以来，一直是英国皇室的威士忌官方供应商。由于尊尼获加庄园始建于 1820 年，因此这座著名的威士忌酿造庄园具有 18 世界末 19 世纪初的典型色彩——城堡庄园。

6. 白酒——沱牌舍得酿酒工业生态园

白酒是中国乃至东方文明的象征，外国友人也常用"白色火焰"赞美中国白酒。在中国，白酒企业拥有 1.6 万家，但要说最令人流连忘返的还是要数沱牌舍得酒业。个中原因当数沱牌舍得所拥有的中国第一个酿酒工业生态园。沱牌舍得酿酒工业生态园，坐落于四川省射洪县柳树镇，地处北纬 30.9°——世界最佳酿酒核心地带，而且生态园依山傍水，环境优美。生态园内的小环境圈内，生活着成百上千种微生物，这些微生物组成的益生菌成分在酿酒的过程中积极参与发酵，极大提升了酒的品质。同时，生态园内有银杏、楠木、香樟等 160 多种珍惜树种，使生态园犹如一个天然的小森林。

茶里的化学

公元 780 年唐代陆羽著《茶经》，对茶叶加工利用作了系统介绍，茶最早源于中国，很早就是中国与域外各民族的贸易商品。茶除了是世界上最流行的饮料外，对一些游牧民族来说，茶还是不可缺少的副食。

1. 茶文化

此处所说的茶文化是指饮茶的方式和习惯，世界各地各有特色。

（1）冰茶，西方人喜欢将沏出的浓茶汁注入有 2/3 冰的高脚玻璃杯中，根据各人的口味加糖、牛奶、柠檬、丁香、威士忌酒等。

（2）茶道，这是日本的一整套饮茶的礼仪和体制，实际上是将茶放在精美的陶器中煮后取汁饮用。

（3）酥茶月饼，我国鄂西北及湘西的土家族特产，是一种用茶叶精加工后做成的食品，可改善微量元素的利用情况。

（4）泡袋茶，由日本人提出并取得专利。这是将茶叶粉碎后装入能耐沸水浸泡的滤纸袋中，用沸水冲泡 10 分钟后，有效成分即浸出，由于茶渣

日本茶道

留于袋内，故茶汤澄明，可做饮料用，通常浸泡二汁后即弃袋及渣。

（5）沏茶是我国的主要方式，通常选用质地好的瓷器（传热适中，保温性适于茶叶中有效成分浸取），放入约 5 克的散装茶，用开水 150 毫升沏上 3～5 分钟，此时茶色、香、味均佳。如浸泡时间过长，则单宁释出过多有苦涩味，咖啡碱含量也高。长江流域（川、湘、江、浙）人喜喝绿茶；福建、汕头人则嗜乌龙茶；北京人欣赏香气浓烈的花茶，特别是茉莉花茶；湖南人沏茶时放入炒好的大豆，称为"豆汁茶"；江苏、浙江人则放入橄榄，是为"元宝茶"，既赋香、提味，又象征好运气。

（6）奶茶是蒙古族每餐必备的饮料，是将剁碎的砖茶和牛、羊奶及盐放在铜壶或铁罐里煮开制成，由于含动、植物营养素及微量元素，特别是维生素和酵素等，有利于营养的吸收。

（7）酥油茶是西藏人每的必需品，即将煮过的砖茶、黄油和盐充分搅和直至变稠，和糌粑（用大麦做成的面包）、牛肉及羊肉一起吃。

（8）煮茶是俄国的古老习惯，用一只铜或银制的大而优美的壶，装约6 升开水煮沸；大壶的顶部为盘形，可放一只小茶壶，内盛保持滚烫的浓茶，在饮用时，取 1/4 杯浓茶，再用大壶中的开水倒满。

2. 茶的种类及制作

茶的种类、制作屡经革新，目前的主要品种有：

（1）乌龙茶，界于红、绿茶之间，为半发酵茶，先经萎凋（此时部分发酵），然后杀青（即停止发酵），制得红棕色带绿

武夷铁罗汉

（绿叶镶红边色似乌龙的叶片）。其香较绿茶高而较红茶醇和，且兼有二者的优点。例如我国黄心乌龙茶维生素 C 含量高达 712 毫克，据研究乌龙茶有防癌功效，我国台湾乌龙、祁门乌龙驰名全球。

婺源绿茶

（2）红茶，亦称发酵茶，先将新茶叶摊放在空气流通的萎凋架上，除去 1/3 的水分（称为萎凋），使叶柔软而有韧性，然后将萎凋的叶揉破，细胞放出汁液，铺开并保持适当高湿度以发酵，此过程形成红茶特有的香气，且叶子变成古铜色，最后干燥除去水分即得红茶。由于发酵，维生素 C 几乎全被破坏，但含果糖、葡萄糖、麦芽糖以及游离氨基酸较多，因而富甜、鲜味，其香优雅且有刺激性（含酵素、醇等引起）。其名品有宁州"毛尖"、祁门"樟片"、正山"小种"；印度的阿萨姆、大吉岭红茶和斯里兰卡的"伯爵灰"等。

（3）绿茶，将采到的茶叶尽快蒸或炒烤（称为蒸青或杀青），破坏酵素和防止变色，再经揉捻和干燥直到爽手为止。经这样处理，可抑制破坏抗坏血酸氧化酶的活动，因而绿茶中维生素 C 含量高（每百克高达 500～600 毫克）是其显著特点。原茶成分在绿茶中保存最多，如各种醇（β、γ–己烯醇、苯乙醇），为茶赋香；各种糖及胶质（阿聚糖、半乳聚糖、糊精、果胶）给茶添味。我国的绿茶名品主要有浙江龙井、洞庭碧螺春、武夷铁罗汉、婺源绿茶等。

3. 其他茶制品

在上述 3 种茶叶加工技术的基础上，用茶叶或其他植物叶得到了许多别的茶或类似茶的饮料。主要有：①马黛茶，产于巴西，是一种刺激性饮料，由南荚的马黛或冬青的干叶仿茶叶加工法制得，含咖啡因；②绞股蓝，是近年我国浙江地区开发出的一种药茶，绞股蓝叶是一种含有 70 多种皂苷（超过高丽参）和高量硒（1.3 毫克%，复品）的不含咖啡因的珍品，有

第二人参之称，具抗癌保肝、滋补强肾、镇静安神、清热解毒等功效；③药茶及花茶，著名的有人参茶、茉莉花茶等，是将制好的茶加入已精制的药物及花，或将含有茶叶（及不含茶叶）的药物经粉碎后混合而成的粗制品，或加入黏合剂制成块，在应用时只要用沸水泡汁或稍加煎煮即可服用。近年国内外市场出现了袋泡茶、香料茶、减肥茶、中药茶、桑菊感冒茶、参和茶、八珍茶（香港）、泻下茶、止咳茶（俄罗斯）等；④珠茶，是一种绿茶名品，又称云雾茶，用茶叶的嫩尖制成，烘炒时

高丽参

卷成小珠状，极其香雅味醇；⑤砖茶，是一种红茶，将红茶碎粉或新茶碎末在发酵后趁湿加压制成硬砖状再烘干，饮用时掰下一小块用沸水冲泡即得味极浓烈的深色液汁；⑥速溶茶，将茶在大桶里沏好，然后去渣，烘干留下粉末即得。

4. 茶的化学成分及功用

专家们在1931年曾分析过我国的58种名茶，其干品中含水浸出物约40%，其中包括鞣质20%，茶素3%及水溶性矿物质3%~4%，它们赋予茶以某些特殊功能。

（1）茶素，又称茶碱，是构成茶苦味的主要成分，富刺激性，有提神强心之效，可强化筋骨伸缩功能并有利尿作用，也是吗啡碱、烟碱及酒精的有效减毒剂和醒酒剂，服之使人感到心清（头脑清醒）目明；还可中和由于偏食蛋白质或脂肪过多引起的酸性，牧区人们常食肉喝奶，故必须饮茶。

（2）鞣质，是多元酚类，是为茶单宁，其中的儿茶素是涩味及色素的来源。茶单宁对人体有重要作用，是增强微血管壁抵抗力的有效药物，并有利抗坏血酸的吸收。对病人临床观察的结果表明：微血管壁抵抗力降低的患者（易内出血及淤血），只要日服100~200毫克茶单宁，就会迅速痊愈；给病人内服500毫克抗坏血酸，其尿中排出的维生素C有逐天增加的趋势，到第6天尿中的维生素C达260毫克，在继续内服同量抗坏血酸的同时，如每日在食物中加650毫克茶单宁，则尿排维生素C立即减少。

（3）微量元素，如氟，茶中含量高达100毫克/千克，有固齿作用。此外，据上海商检局分析浙江地区的茶叶，蛋白质含量达17%~35%，已证明其中至少有17种氨基酸。近来还有报道某些茶叶中富含硒（陕西汉中、湖北恩施），因而促进了茶的新用途的开发。

（4）维生素，茶叶中含多种维生素，尤富含胡萝卜素、维生素A、维生素B_2、烟碱酸（又名尼克酸），它们与所含的芳香油一起，能溶解臭味从而除口臭，可解油腻，并能降低血脂，软化血管，增强血管的韧性和弹力，预防脑出血及血管硬化。

知识点

高丽参

高丽参，别名朝鲜参、别直参，五加科植物人参带根茎的根，经加工蒸制而成，分北朝鲜红参和南朝鲜红参。高丽参依形色又可分为水参、白参及红参。高丽参有大补元气、生津安神等作用，适用于惊悸失眠者、体虚者，心力衰竭、心源性休克等。现代医学研究显示，高丽参有多种滋补效能。日本和韩国学者经研究发现，高丽参在预防糖尿病、动脉硬化、高血压等方面有明显效果，高丽参还有抗癌，控制疾病，促进血液循环，防止疲劳，增强免疫力等方面的功效。

延伸阅读

日本茶道

茶道有繁琐的规程，茶叶要碾得精细，茶具要擦得干净，主持人的动作要规范，既要有舞蹈般的节奏感和飘逸感，又要准确到位。茶道品茶很讲究场所，一般均在茶室里进行。接待宾客时，待客人入座后，由主持仪

式的茶师按规定动作点炭火、煮开水、冲茶或抹茶，然后依次献给宾客。客人按规定须恭敬地双手接茶，先致谢，然后三转茶碗，轻品、慢饮、奉还。点茶、煮茶、冲茶、献茶，是茶道仪式的主要部分，需要专门的技术和训练。饮茶完毕，按照习惯，客人要对各种茶具进行鉴赏，赞美一番。最后，客人向主人跪拜告别，主人热情相送。日本茶道是在"日常茶饭事"的基础上发展起来的，它将日常生活与宗教、哲学、伦理和美学联系起来，成为一门综合性的文化艺术活动。它不仅仅是物质享受，主要是通过茶会和学习茶礼来达到陶冶性情、培养人的审美观和道德观念的目的。正如桑田中亲说过："茶道已从单纯的趣味、娱乐，前进为表现日本人日常生活文化的规范和理想。"16世纪末，千利休继承历代茶道精神，创立了日本正宗的茶道。他提出的"和敬清寂"，用字简洁而内涵丰富。"清寂"是指冷峻、恬淡、闲寂的审美观；"和敬"表示对来宾的尊重。整个茶会期间，从主客对话到杯箸放置都有严格规定，甚至点茶者伸哪只手、先迈哪只脚、每一步要踩在榻榻米的哪个格子里也有定式。正是定式不同，才使现代日本茶道分成了20多个流派。16世纪前的日本茶道还要繁琐得多，现代茶道是经过千利休删繁就简的改革才成为现在的样子。

奶、豆浆与化学

一、奶及其制品

奶及其制品包括人奶及各种动物的奶，主要是牛奶及其制品，各种奶中富含钙、磷、钾、锌等矿物质及多种维生素。由于哺乳动物的幼雏几乎全靠母奶为生，而它们的消化道尚未发育完善，所以它们的食物必须是营养全面、充足，并易消化和吸收，加上新生动物生长快，而且必须迅速适应外界的变化，所以奶中有任何缺陷，都将有碍其生存。诸奶中以鹿奶最名贵，兔和山羊奶的营养也很丰富，牛奶的成分与人奶最接近（只是糖分较低），因而牛奶是最接近完善的食品，而且已经非常普及，本节只论及牛奶及其制品。

1. 鲜奶

鲜奶主要含乳糖、酪蛋白及乳脂。乳糖为奶所特有的，水解后成半乳糖及葡萄糖，有 α 及 β 型呈 4:6 平衡状态，其甜度为蔗糖的 1/6，微溶于水。在小肠中乳糖分解，生成的葡萄糖吸收快，半乳糖吸收慢，而作为小肠细菌的生长促进剂，有利于肠内合成维生素。乳糖使钙易于吸收，并在转化为乳酸时有杀菌作用。酪蛋白占牛奶总蛋白质的 82%，其质地好，含有人体全部所需要的氨基酸，而且蛋白质供给的热量很平衡，还含大量免疫球蛋白，有助于新生儿免疫。奶呈白色是由于酪蛋白及其与钙结合成的钙盐与脂肪形成微球悬浮体，微量油溶性叶红素及水溶性黄色素则使原汁牛奶白中透黄。乳脂是高度乳化的，其熔点低于体温，富含低级脂肪酸，故极易消化和有效利用，因而是快速能源。生奶有很多细菌，如天花病毒，需煮沸消毒方可饮用。煮的时间不宜太长，以防破坏胶体和营养成分。新鲜奶含乙酸乙酯，有芳香气味，陈奶则可因乳酸和酶的作用而沉淀变质。

除煮沸外，牛奶的消毒取决于奶源和运送，对鲜奶现场处理的主要方式有：①低温消毒，63℃至少 30 分钟；②高温消毒，71.5℃至少 15 秒钟，随后立即冷却；③超高温消毒，88.5℃，1 秒钟，国外普遍采用；④灭菌奶，无菌包装的消毒奶。

2. 加工奶

对鲜品变动最少，一般经均化、消毒和维生素 D 强化（加入一定量维生素 D）后，再加工，主要有：①巧克力及加香奶，用巧克力糖浆、可可或巧克力粉或草莓、樱桃、菠萝、苹果、橘和香蕉汁或粉剂加香，使巧克力固体量达到 1% ~ 1.5%，还加入 5% ~ 7% 蔗糖及维生素 D、维生素 A 等；②淡炼乳，预热稳定蛋白质，在平底锅中真空浓缩（50℃ ~ 55℃）除去约 60% 水分后密封，在 116.5℃ ~ 118.5℃ 热 15 分钟即得；③浓缩乳，同淡炼乳，但不做进一步的高温灭菌处理，而加奶量 40% ~ 45% 的蔗糖防腐，这种奶营养价值提高，便于贮存和运输；④多维奶，除每升加 400 单位维生素 D（牛奶中已有钙、磷，但为了牙齿和骨的正常钙化，还要加维生素 D）外，还加入 2 000 ~ 4 000 单位维生素 A（防夜盲症）及必要的其他维生素和矿物质（维生素 B_1 1 毫克，维生素 B_2 2 毫克，碘 0.1 毫克，尼克酸

和铁各 10 毫克）；⑤蛋白质强化的低脂或脱脂奶，从鲜奶中分去足够的乳脂（其含量应低于 2.0%），加入无脂固体（亦从鲜奶中提取出）达 10%，维生素 A 不少于 2 000 单位/升及维生素 D，这种奶用于特殊要求，如减肥者。

3. 奶粉

奶粉将原汁奶消毒后在真空下于低温脱水而得的固体物。在干燥过程中维生素 C、维生素 B 和维生素 B_1 损失 10%～30%，但对其他营养价值没有明显影响，这些损失可通过维生素强化解决，脂肪氧化引起的变质可由气包装（用氮排除空气）或真空包装来消除，水分降低有利运输和保存。

4. 酸奶及其制品

酸奶及其制品指产生乳酸的细菌使牛奶或其制品发酸的黏稠体或液体。通常有：①酸乳酒，包括马奶酒，用马、山羊或普通牛的奶经酸和乙醇发酵制得，除保持原奶的成分外，增加了酵素、维生素和香酯，营养价值进一步提高；②酸奶，鲜奶经消毒、均质、接种（即引入酵母），并保温（42℃～46℃）直到所需要的酸度和味，然后冷却到 7℃ 以下以停止发酵，还分加香、加水果及原汁的几种，经过发酵无脂固体（即蛋白质和糖）及香味（酯）增加，成为低热能的高级营养品。

5. 其他

①酪乳，搅拌和离心稀奶油制作黄油后留下的液体；②干酪，是由牛奶、奶油、酪乳等产品结合凝聚后排水制得，其特点是高酪蛋白，富含钙、磷及微量元素，热值高，乳糖低，通常用专门的细菌发酵牛奶或酶处理来凝聚蛋白质，其特有的香味来源于细菌的生长及制造过程中生成的酸并转化成酯；③凝乳，脱脂乳加酸或凝乳酵素得到密度较小的凝聚物，主成分为蛋白质；④乳清，指分离凝乳后得到的透明黄绿色水溶液，由于大部分不溶于水的组分已进入凝乳（蛋白质、钙、磷、维生素 A 增加到普通奶的8～10 倍），而大多数水溶性物，如乳糖、盐类、水溶性蛋白则进入乳清中，将其加热使这些蛋白沉淀而分离，乳清品种很多，有浓缩及干品之分，富营养、易消化；⑤奶油，从鲜奶中分离出的含乳脂 18% 以上的高脂肪液

体乳制品；⑥冰激凌，主要由乳脂、脱脂固体奶、糖、香味剂和稳定剂组成；⑦麦乳精，由牛奶、麦精、奶油、砂糖热熔化后，加入强化剂进行均质乳化、干燥后得；⑧黄油，由稀奶油制成，市售品含乳脂肪 80%。

二、豆浆及其制品

由豆类特别是大豆制成，由于豆中含有胰蛋白酵素阻滞剂及凝血素，前者阻碍胰蛋白酶分解蛋白质成氨基酸，后者则可使动物的红细胞凝结，它们均须加热以除去其活性，生品及低温脱脂者，不得做食品及饲料。

1. 豆浆

豆浆即豆腐的前体，1 份泡过的大豆加 3 份热水碾磨成浆，用沙布滤掉残渣即得。每 200 毫升原汁含 6 克蛋白质，相当儿童每天需要量的一半。它是一种良好的代乳品，特别适合对牛奶蛋白质过敏或不能利用乳糖的婴儿，但必须煮沸后食用，由于糖含量低，需要补足。

2. 强化豆浆

强化豆浆是将原汁豆浆进行加工得到的一系列制品。液体的有香草豆浆、蜂蜜豆浆、红萝卜豆浆及其他类似物。由原味豆浆加入相应的强化汁制成，除原味及原来的营养成分外，又引入了多种新的维生素及微量元素，因而味道好，营养更加丰富。固体物有豆浆晶，即原汁豆浆减压蒸发得到的固体物。经强化（加入其他配料）加工，可制得代乳粉。豆浆晶（或原汁豆浆适当浓缩后）加入维生素，如维生素 C、糖及其他营养素，无菌包装好，得维他奶。

3. 浓缩豆蛋白

浓缩豆蛋白即豆中蛋白质的浓缩物，其蛋白质含量可达 40% ~ 80%，而糖及脂肪含量很少，特别适合作婴儿食品，如代乳粉的配料。含有高蛋白的苜蓿通常是先将干豆浸泡并去皮，干燥后磨成粉，再将粉末悬浮于盐溶液中，通入蒸气使蛋白质凝结，离心分出蛋白质凝块，干燥此凝块磨成粉即得。

4. 浓缩苜蓿蛋白

浓缩苜蓿蛋白是一类前途远大的制品，因为每 667 平方米收获的苜蓿蛋白质超过其他作物。用抗氧化剂喷雾新收获的苜蓿，以保存其中的维生素，然后挤压出液汁，通蒸气加热使液汁中的蛋白质凝固，并离心分出凝结物，干燥并精制，除去绿色有草味者（可作饲料），得白色、爽口的产品，适于食用。

知识点

豆 腐

豆腐是我国炼丹家——淮南王刘安发明的绿色健康食品。时至今日，已有 2 100 多年的历史，深受我国人民、周边各国及世界人民的喜爱。发展至今，豆腐已品种齐全，花样繁多，具有风味独特、制作工艺简单、食用方便等特点，有高蛋白、低脂肪、降血压、降血脂、降胆固醇的功效，生熟皆可，老幼皆宜，养生摄生、益寿延年的美食佳品。安徽省淮南市——刘安故里，每年 9 月 15 日，有一年一度的豆腐文化节。

延伸阅读

奶与豆浆能否同时喝

不知什么时候起，产生了一种奇怪的说法：牛奶不能和豆浆一起喝。究其理由，一种说法原自豆浆中的"胰蛋白酶抑制剂"。其实，它也是一种蛋白质，但它偏偏会阻碍人体对蛋白质的吸收，使生豆子当中的蛋白质消化率不足 40%。如果吃了它，也会妨碍其他食物中蛋白质的吸收。

不过，只要经过烹调加工，大豆中的胰蛋白酶抑制剂大部分就会失去活性，于是，人们千百年来都在放心地饮用豆浆。关键在于豆浆的加热时间，最好沸腾之后再小火加热8分钟，保证胰蛋白酶抑制剂的破坏率达到90%以上。既然豆浆中的胰蛋白酶抑制剂经加热失活了，也就不会妨碍牛奶中蛋白质的吸收，两者同饮，应当是毫无问题，与鸡蛋一起吃，当然也一样没有问题。

另一种说法则来自于"蛋白质浪费"学说。说是早上人们的吸收能力有限，一杯牛奶或者一碗豆浆已经足够营养，两者同吃，则养分吸收不完，造成浪费。这种说法看似合理，实际上只要细细分析，就能找出漏洞。

首先，一袋牛奶含有多少蛋白质？按2.9%的国家标准计算，250克牛奶不过是7.3克蛋白质，只相当于轻体力活动成年男性一日蛋白质推荐供应量的10%，女性推荐量的11%。豆浆的蛋白质含量通常为2%，一大碗300毫升的豆浆，不过含蛋白质6克。牛奶与豆浆相加，仅相当于一日蛋白质摄入量的20%，怎么么算是过量呢？

一袋牛奶，一大碗豆浆，加上两片面包（约相当于60克面粉），总共可提供19克蛋白质。按照平衡膳食的原则，早餐应当提供1/3的优质蛋白，应当是22～25克。可见，所谓牛奶加豆浆造成蛋白质营养过剩之说，根本不成立。那么，我们再来看看其他成分吧。

1. 牛奶中不含有膳食纤维，而豆浆中含有大量可溶性纤维。

2. 牛奶中含有少量饱和脂肪和胆固醇，而豆浆含有少量不饱和脂肪，以及降低胆固醇吸收的豆固醇。

3. 豆浆中含有丰富的大豆异黄酮，可减少更年期妇女的钙流失，而牛奶中含有促进钙吸收的乳糖和维生素D。

4. 牛奶中富含钙，而豆浆中钙相对较低，更富含钾、镁。

5. 牛奶中维生素A丰富，而豆浆中不含有这种营养素。

6. 豆浆中维生素E和维生素K较多，而牛奶中这两种维生素比较少。

从以上比较可以看出，牛奶和豆浆的营养不仅不会叠加而损失，反而会因为互补而加强。从补钙而言，牛奶中有大量的钙，以及维生素D和乳糖，如果得到豆浆中的维生素K和钾镁的帮助，就可以更加有效地提高钙的利用率，对提高青少年骨骼密度有所帮助；对于更年期的妇女来说，因为得到了豆浆中的大豆异黄酮，可以在饮奶补钙的同时延缓钙流失，起到双管齐下的作用。从美容的角度来说，牛奶中丰富的维生素 B_2 和维生素A，有利于面部皮肤的更新和代谢，而豆浆中的大豆异黄酮可

以提高皮肤的弹性和保水性。从预防心血管疾病来说，牛奶中丰富的维生素 B_6、维生素 B_{12} 和豆浆中的叶酸、维生素 E、大豆异黄酮和膳食纤维协同作用，可以有效降低同半胱氨酸的水平，提高 LDL 的抗氧化能力，起到最佳的防病效果。

所以，无论怎样考虑，奶类和豆浆都可以作为最佳的营养饮料配合。如果有可能的话，早餐可以两者同饮，或者如果感觉体积太大，不妨用酸奶代替牛奶，或在早晨饮豆浆之后，用酸奶或牛奶作为上午的加餐。

果汁里的化学

果汁是由各种果压汁制成，保持了原果的营养或更强化。按其质地及加工方式，可分为干燥果粉、强化汁、原汁等。

1. 果晶

果晶即干燥的果粉或果片，含98%固体物的脱水果汁的精品，可用低温干燥，亦可用冷冻干燥，果粉可加维生素C、微量元素及酸甜剂和香料进一步强化，市售各种果珍、果宝均属果晶。国外市场供应的香蕉干（即将香蕉去皮后烘干）、葵籽肉（将向日葵子脱壳）、核桃肉（将核桃去壳取肉烤焦）均富含各种营养，且食用方便。我国各地特产，如桂圆肉（将龙眼肉用糖渍成黏状物）、荔枝干（荔枝干燥后去壳）、枣糕（将酸枣煮熬成泥后摊片晒干）、果丹皮（山楂煮熟加工成片或块状）、果脯等均为果制佳品。与果粉类似，含水分稍大的有果酱，由果肉与淀粉及糖分制成，它们的特点是营养成分更高，且包装方便。

荔枝干

2. 强化汁

强化汁除营养价值高外，还有助于保持原汁的色泽。主要有：（1）掺和汁，多种果汁混合，例如两种或多种柑橘汁混合或呈冰冻浓缩剂形式，使其营养互补，也可和其他饮料混合如橘乳，即由橘汁、干酪乳清蛋白（含量3% ~ 3.5%，几乎和牛奶相同）组成，再加糖、香料等营养极丰富。（2）花粉或蜜汁饮料，亦是不同花的特殊腺体分泌的糖浆状液加果酱、果汁、甜味剂、柠檬酸和维生素C强化制成；如不强化，花粉及蜂蜜营养主要限于糖分，其特点是其香味可引起良好的生理效果。（3）浓缩汁，在40℃真空浓缩原汁至体积为原来的1/3 ~ 1/6，再加入强化剂（主要是维生素C），即得强化汁。所用的维生素C以生理活性最高的L型为主，D型的生理功能仅为L型的5%，但有助于保持化学稳定，故亦应加入少许。

红 果

3. 原汁

原汁是将洗净的原果压汁，也有的在压汁前通过适当的装置将果皮、茎和种子同果肉和果汁分开，再将肉及汁适度预热，通过酶促反应使果肉分解后再榨汁。取汁过滤，经短时间的巴氏灭菌（57.2℃加热），以便久存。果原汁通常含有糖、维生素及矿物质等营养成分，是婴儿及老年人的良好饮料。常见的果汁有：①鲜苹果汁，富钾、铁，维生素C较少；②葡萄汁，是铬的极好来源（铬参与组成葡萄糖耐受因子，和胰岛素一起促进糖的利用），富钾，缺维生素C；③橘汁，富含钾及维生素A，是维生素C的极佳来源；④菠萝汁，富钾和维生素C；⑤红果汁，富维生素C和铁。

知识点

胰 岛 素

胰岛素是由胰岛 β 细胞受内源性或外源性物质，如葡萄糖、乳糖、核糖、精氨酸、胰高血糖素等的刺激而分泌的一种蛋白质激素。胰岛素是机体内唯一降低血糖的激素，同时促进糖原、脂肪、蛋白质合成。外源性胰岛素主要用于糖尿病的治疗，糖尿病患者早期使用胰岛素和超强抗氧化剂，如注射用硫辛酸、口服虾青素等，有望出现较长时间的蜜月期，胰岛素注射不会有成瘾和依赖性。

延伸阅读

果汁无菌包装的灭菌处理

果汁是由不同水果制成的，它们的成分和特性各不相同。与包装相关的主要因素是果汁的酸性、酶、维生素C、色泽和香味，果汁变质主要是由酵母和霉菌引起的。

杀菌过程通过高温控制产品中微生物的含量。目前常用的杀菌方式有高温短时（HTST）和超高温瞬时（UHT）杀菌。选择时，应根据产品特性而定，处理不当会造成微生物杀灭不彻底或产品失色、失香，并破坏其中的营养成分。同时包装前后，要对操作车间的环境进行灭菌处理，并保持车间环境内的气压略高于外界大气压，以阻止外界空气进入车间，减少细菌和污物的侵袭。生产车间的地面、墙壁、操作台、工具等也应定期进行杀菌消毒，同时应适时对物料流通管道及贮存器进行全自动循环清洗。

苏打饮料与化学

苏打饮料是以充碳酸气的矿泉水为基础制得的汽水、果汁等饮料，用以与含酒精的"硬"饮料相区别；也可以是经过加工的水，用增甜剂、可食性酸、天然的或人工的调味品调制得的加味水。其特点是富含维生素、微量元素、有机酸等，具有优良的助消化功能，主要有苏打水和各种果汁。苏打水由饮用水充入二氧化碳制成，包括可乐、汽水和矿泉水。

1. 可乐

可乐，起初由可乐豆提取汁制得。其特点是含少量咖啡因（不超过0.02%），由于近年来包装不断改进（易拉罐），启开时嘶嘶作响的是二氧化碳由于震撼和轻微的刺激作用，可乐臻于佳境的美味，使这种饮料的消费量在食品中占第一位，并成为世界各国最赢利的行业之一。除了应像制造汽水那样对水质、作料混合、兑制和消毒乃至装瓶程序严格把关以外，可乐制备的奥秘集中在配料的选用上，主要有：①甜味剂，营养型有干糖、转化糖、葡萄糖、果糖、玉米糖浆、山梨醇等，单独或混合使用（占9%~14%），也可用非营养型的糖精或其他甜剂；②香料，可用从水果、蔬菜、树皮、根、叶等提取的天然味料，也可用食用香精；③酸，单独或混合使用的食用酸有醋酸、柠檬酸、葡萄糖酸、乳酸、苹果酸及磷酸等；④刺激剂、乙醇及咖啡因，后三者及其他防腐剂、乳化剂、稳定剂和发泡剂、黏稠剂只占小部分（1%），所以主要还是甜味剂的选择及其他成分的配比。

本来可乐专指从可乐果提取液配以酸橙油、香料油、磷酸制得的含二氧化碳3.5体积的焦糖色饮料，现在市场上各种牌号的可乐范围大多了，泛指任何含咖啡因的（天然来源或人工加入均可）苏打水。我国主要生产各种药草可乐，多以冬青油、香草、肉豆蔻、丁香或茴香赋香，除焦糖色外，还可染成不同的较淡的色。

2. 汽水

汽水由矿泉水或煮沸过的凉饮用水或经紫外线照射消毒的水充以二氧化碳制成，其品位受水质主要是硬度高低、氯化物含量多寡的影响。首先要选择合适的水，经消毒滤器过滤，酸甜味料溶液要多次过滤，务求清澈透明，以保证存放不变质。香料的调制也十分重要，根据不同的品种确定比例，小苏打的量应精确，通常应经小型兑制、品尝、鉴定、消毒等程序以保证质量。关键是所用二氧化碳的量不少于 1 大气压下，15.5℃的饱和浓度（因汽水质地而异，通常为 1～4.5 体积）；不含酒精或只含作为调味用的酒精，其量不超过 0.5%。我国市场上出现过的名牌汽水主要有：①八王寺汽水，我国自制的最早名品之一（沈阳酿造厂），1922 年开始生产，汽多泡大，清凉爽口，称东北第一甘泉；②正广和、老德记（英商）、屈臣氏（美商）汽水，前两者实为柠檬酸水，后者则为白姜水，盛行于旧中国，占领了当时我国的南方市场；③荷兰水（上海），是 19 世纪 80 年代从荷兰进口的，当时它跟瑞典火柴、墨西哥银洋一样稀罕（其制法演变成日后的可乐）。

3. 矿泉水

矿泉水指来自地层深处的天然露出或经人工开采的适于饮用的水，其特点是含盐量低（每升 8 毫克以下）、富含微量元素、溶有二氧化碳。泉水中含盐量高的地区，如日本，高血压患病率高，矿泉水里饮水盐量低的阿拉斯加的因纽特人中，则几乎不发生高血压。北京房山十渡的西太平村泉水，含钠低至 2.5 毫克/升，是一种有重要开发前景的饮用矿泉水。世界的名泉水主要有：①阿波科纳里斯（西班牙）泉水，则强调泉水中具有高的钙、镁、碳酸氢盐混合物，可供应人体的必需矿物质；②维也纳（奥地利）矿泉水，含高碳酸氢根

崂山泉水

（每升4.7克），近年我国新开采的五大连池（黑龙江）水，含钠量低，且含丰富的人体必需微量元素（铁、锰、锌、铜量超过上述名泉水 30～100 倍），值得重视；③崂山（中国）泉水，碳酸氢根含量高（每升4.7克），助消化作用强；④维希斯莱斯丁（法国）矿泉水，碳酸氢根含量高（每升3.18克），且含锂、铁、锰、锶、碘、磷等元素，以助消化闻名遐迩。

知识点

咖啡因

咖啡因是一种黄嘌呤生物碱化合物，是一种中枢神经兴奋剂，能够暂时驱走睡意并恢复精力。有咖啡因成分的咖啡、茶、软饮料及能量饮料十分畅销，因此，咖啡因也是世界上最普遍被使用的精神药品。很多咖啡因的自然来源也含有多种其他的黄嘌呤生物碱，包括强心剂茶碱和可可碱以及其他物质，如单宁酸等。

延伸阅读

碳酸饮料饮料的危害

虽然碳酸饮料深受大家喜爱，但营养专家提醒，喝碳酸饮料要讲究个"度"，过量饮用碳酸饮料是对人体极为不利的。碳酸饮料在一定程度上影响人们的健康，主要的表现如下：

①喝碳酸饮料易患胰腺癌。最近一项研究结果发现，如果一个人每天喝两杯以上的碳酸饮料，将极有可能患上胰腺癌。越来越多的信息表明，碳酸饮料是患胰腺癌的一个重要诱因。对于那些大量饮用碳酸饮料和果汁的人来说，其患胰腺癌的可能性极高，如果一天饮用两杯这样的饮料，这些人患胰腺癌的几率要比一般人高出90%；而如果每天向食品和饮料中放糖超过5次以上的人，患胰腺癌的几率要比那些不放糖的人高出30%。因此，降低患胰腺癌的风险只有一个办法，就是减少对甜食和碳酸饮料的依

赖。②大量糖分有损牙齿健康。碳酸饮料含糖量过多，饮料中过多的糖分被人体吸收后，就会产生大量的热量，长期饮用容易使人发胖。更重要的是，它给肾脏带来了很大的负担，这也是引起糖尿病的隐患之一。很多青少年，尤其是儿童特别喜欢碳酸饮料中的甜味，但这种糖分对儿童牙齿的发育很不利。有调查显示，喜欢喝碳酸饮料的孩子们，12 岁的齿质腐损率会增加59%，而 14 岁的孩子的齿质腐损率会增加200%。③降低人体免疫力。营养学家认为，健康的人体血液应该呈碱性，但目前饮料中添加碳酸、乳酸、柠檬酸等酸性物质较多，又因为近年来人们摄入的肉、鱼、禽等动物性食物比重越来越大，许多人的血液呈酸性。如果这时再摄入较多的酸性物质，如碳酸饮料等，就会使血液长期处于酸性状态，不利于血液的循环，而人体的免疫力也会因此下降，各种病菌乘虚而人，使人感染各种疾病。④二氧化碳过多影响消化。碳酸饮料虽然口味过多，但里面的主要成分是二氧化碳。适当饮用含有二氧化碳的饮料，可以起到杀菌、抑菌的作用，还能通过蒸发带走体内的热量，是有益处的。但如果碳酸饮料喝得太多，大量的二氧化碳在抑制饮料中细菌的同时，对人体内的有益菌也会产生抑制作用。过多的二氧化碳还会引起腹胀，影响食欲，甚至造成肠胃功能的紊乱，损害身体健康。⑤磷酸导致骨质疏松。碳酸饮料大部分都含有磷酸，大量磷酸的摄入会影响钙的吸收，引起钙、磷的比例失调，如果奶制品又摄入不足，就很容易缺钙，缺钙无疑意味着骨骼发展缓慢和骨质疏松。有调查资料显示，经常大量喝碳酸饮料的青少年发生骨折的危险是其他青少年的 3 倍。这对处于生长期的青少年的身体发育损伤是非常大的。

可可、咖啡与化学

1. 可可

可可是热带可可树的果实，即可可豆，连续发酵 3 ~ 9 天（温度可达50℃以杀死病菌），洗净、干燥、焙炒而生香后去壳及胚芽，留下胚乳磨成细粉，此时产生的热量足以使其中所含的脂肪熔化，生成溶脂（可可脂，熔点约37℃）和果肉粉形成稠状物，称为可可浆，是制作可可系列食品的基础。其主要成分是糖（38%）、脂肪（22%）、蛋白质（22%）、灰分（8%）；其中含6%的单宁，3%有机酸及少量咖啡碱、可可碱和酵素等。后一类特征成分使可可具有苦、香、涩、刺激性及深色。本品营养丰富，可加工成多种美食。其特点是脂肪含量高，是一种高能食品。

可可树

（1）巧克力，是可可浆、糖、可可脂和香草香精的混合物。混合在高温（54℃～80℃）下于空气流中进行，称为"巧克力精炼"，这样可使其香味得到提高（脂肪分解成较小分子），颜色变深，促使可可脂覆盖所有颗粒物，最后用模子铸成块状或其他形状。

（2）可可粉，是在可可浆中加入碱性化合物（钠、钾、铵、镁的碳酸盐）以改变其味和色，再压榨可可浆，把可可脂挤压出来，将压出的饼冷却、粉碎和过筛，即成可可粉。其脂肪含量在10%～22%，是牛奶等饮料的香味添加剂，可和麦乳精调制成各种可可饮料。

2. 咖啡

咖啡是热带的咖啡豆经200℃～250℃烘烤和磨碎后制作的饮料。咖啡的主要成分是蛋白质（14%）、脂肪（12.3%）、糖（47.5%）、纤维（18.4%）、灰分（4.3%）。当制成饮料后，溶于水的有用成分有：咖啡碱（提供刺激性）、咖啡酸（又称绿原酸，提供咖啡色素）、糖、蛋白质、单

咖啡豆

宁（涩味）。咖啡的特点及其质地优劣的依据是其特有的咖啡香和味，这是由咖啡中的碱和酸及脂肪在烘焙过程中酯化形成的。市场上常见的品种有：

（1）速溶咖啡，用温水冲开磨碎的咖啡，制成浓液，真空蒸发或热气流喷雾除去水分，也可用冷冻干燥法，或加些焙烤咖

法国苣荬菜

啡豆时出的油，以使其看上去像磨碎的咖啡粉，但经鉴定，品尝质量还是较差。

（2）掺和咖啡，将各种咖啡掺和，能创造色、香、味更佳的混合物，有时也掺和别的物质，如菊苣（即法国苣荬菜）、淀粉、豆粉、果晶、花生炒面等，食用时用开水冲开即可；还可加入蛋黄粉、肉松、鱼松，制成质地更高的掺

和咖啡。在掺和咖啡中，巧克力咖啡属名品。

（3）咖啡粉，原封罐装咖啡粉是真空包装的，在不冷藏条件下可保存几个月，然而一旦打开就只能保存 7～10 天（常温）或 1 个月（冰箱），并且香味很快消失。为了得到 19% 的提取物，标准用量是 180 毫升（即 1 杯）水加 15～20 毫升（1～2 匙）咖啡，要用新鲜的凉开水，千万别煮沸，否则会产生乏人讨厌的味道。煮好后要尽快饮用，凉了不要重新加热。常规咖啡煮 6～8 分钟足够，不宜过长，以防变味。咖啡渣应弃去，不可煮第二次。

知识点

咖啡酸

咖啡里含有各种各样的酸，多数都能在其他农产品里找到。这些酸包括氨基酸，如天冬酰胺酸、谷氨酸和亮氨酸；石炭酸，如咖啡酸、绿原酸和奎宁酸；脂肪酸，如醋酸、乳酸、柠檬酸、反丁烯二酸、酢浆草酸、磷酸和酒石酸等。从品尝的角度来说，氨基酸的浓度超过正常值，就会产生甜味；石炭酸的浓度超过正常值，就会产生苦味；而高浓度的脂肪酸会产生酸味。

延伸阅读

三大知名咖啡豆

1. Cubita（琥爵咖啡）

产于古巴水晶山，在咖啡行业具有很高的声誉，古巴水晶山咖啡在世界排名在前几位，水晶山与牙买加的蓝山山脉地理位置相邻，气候条件相仿，可媲美牙买加的蓝山咖啡。Cubita坚持完美咖啡的原则，只做单品咖啡。咖啡豆的采摘以手工完成，加上水洗式处理咖啡豆，以确保咖啡的质量。Cubita的平衡度极佳，苦味与酸味很好地配合，在品尝时会有细致顺滑、清爽淡雅的感觉。

2. Kopi Luwak（猫屎咖啡）

是近期发明的咖啡，产于印尼，咖啡豆是麝香猫食物范围中的一种，但是咖啡豆不能被消化系统完全消化，咖啡豆在麝香猫肠胃内经过发酵，并经粪便排出。当地人在麝香猫粪便中取出咖啡豆后再做加工处理，也就是所谓的"猫屎"咖啡。此咖啡味道独特，口感不同，但习惯这种味道的人会终生难忘。由于现在野生环境的逐步恶劣，麝香猫的数量也在逐渐减少，导致这种咖啡的产量也相当有限，能品到此咖啡的人是相当幸运的。

3. Blue Mountain Coffee（蓝山咖啡）

是一种大众知名度较高的咖啡，只产于中美洲牙买加的蓝山地区，并且只有种植在1 800米以上的蓝山地区的咖啡才能授权使用"牙买加蓝山咖啡（Blue Mountain Coffee）"的标志，占牙买加蓝山咖啡总产量的15%。而种植在海拔457米至1 524米的咖啡被称为高山咖啡，种植在海拔274米至457米的咖啡称为牙买加咖啡。蓝山咖啡具有香醇、苦中略带甘甜、柔润顺口的特性，而且稍微带有酸味，能让味觉感官更为灵敏，品尝出其独特的滋味，是咖啡中的极品。